稀土微观电子结构的物性关联

孟君玲 著

中国科学技术出版社

·北 京·

图书在版编目（CIP）数据

稀土微观电子结构的物性关联 / 孟君玲著 . -- 北京：
中国科学技术出版社 , 2024. 12. -- ISBN 978-7-5236-
1232-3

Ⅰ . TB34

中国国家版本馆 CIP 数据核字第 2024TB7034 号

策划编辑	王晓义
责任编辑	付晓鑫
封面设计	中文天地
正文设计	中文天地
责任校对	邓雪梅
责任印制	徐　飞

出　　版	中国科学技术出版社
发　　行	中国科学技术出版社有限公司
地　　址	北京市海淀区中关村南大街 16 号
邮　　编	100081
发行电话	010-62173865
传　　真	010-62173081
网　　址	http://www.cspbooks.com.cn

开　　本	720mm×1000mm　1/16
字　　数	139 千
印　　张	8.5
版　　次	2024 年 12 月第 1 版
印　　次	2024 年 12 月第 1 次印刷
印　　刷	涿州市京南印刷厂
书　　号	ISBN 978-7-5236-1232-3 / TB·125
定　　价	79.00 元

前　　言

中华人民共和国成立以来，国家大力发展稀土及相关产业。历经几代稀土工作者的努力拼搏，中国已成为全球最大的稀土生产国，也为世界各国提供着优质的稀土产品，产品的流通量占全球总流通量的一半以上。然而，中国稀土行业的整体发展状况并不乐观，仍然处于生产稀土原材料和相关低技术材料为主的低端生产水平上，在高科技、高附加值等高端应用领域上的基础还比较薄弱，与国际水平仍存在着很大的差距。在稀土相关材料的制备上，中国的技术和装备还比较落后，西方一些国家牢牢地占领着技术制高点；中国的关键核心技术难以突破，常常处于受制于人的被动局面。因此，要改变这种局面，发挥中国在稀土战略资源上的优势，把这种优势转化成发展技术和经济的坚实力量，努力将我国打造成稀土强国。然而，如何使中国的稀土高新材料和技术在国际上拥有更多的话语权，是摆在广大科研技术工作者面前的一项艰巨的任务，但同时也是一个极好的发展机遇。日前的国际形势对科技工作者提出了更高的要求，要让中国的稀土高端产业在国际上有立足之地，并且能够持续健康地发展壮大，根本出路就是从认识、掌握稀土知识开始，基础理论研究与实际应用开发齐头并进，在夯实基础的同时，推陈出新，力求在稀土功能新材料方面有重大突破，领先国际。

稀土功能材料的研究、开发与应用在国际上的竞争越来越激烈，而认识稀土是探寻稀土新材料的理论基础，因此必须进一步加快稀土基础研究的脚步，建立完善的稀土理论体系，为稀土新材料的开发夯实基础。稀土的 4f 电子非常复杂，有将近 20 万个能级跃迁，是新材料的"基因库"。而目前人类还没有掌握 4f 电子的运动规律，认识程度可以说是微乎其微，理论研究的空间巨大。

本书是围绕稀土微观电子结构理论展开的一次深入探讨和研究，目的是为读者提供对稀土微观电子结构物性关联领域的全面了解，并促进对该领域的思考和进一步研究。通过细致的研究，本书将帮助读者把握稀土微观电子结构物性关联的本质和内涵。本书作者对稀土微观电子领域抱有浓厚的研究兴趣，并且一直以来都在从事相关的研究和实践。希望通过本书，能够将作者在稀土领域的研究成果与读者分享，以期能够对读者在稀土微观电子领域的学习和实践有所帮助。本书的撰写受到众多学者、专家的研究经验的影响。在此，要向所有为本书提供支持和帮助的人员表示由衷的感谢。

本书以几种含稀土的化合物为对象，进行了一系列理论研究，探索稀土 4f 5d 电子运动规律，深入探究 4f 5d 电子成键特性在相关功能材料中的作用。本书首先从稀土元素入手，简单介绍了稀土元素的电子层结构特点和与之相关的物理化学性质，随后通过介绍稀土光学、电学、磁学等功能材料来突出强调稀土在新材料领域的地位，进而描述与稀土 4f 电子相关的强关联体系的物理图像，最后根据现阶段稀土基础研究所面临的问题，提出了本书的研究目的，并对主要的工作内容进行细致的阐述。

第 1 章首先介绍了稀土元素的特性和稀土功能材料在光学、电学、磁学方面的应用。其次，对电子跃迁特性、铁电性、磁性、多铁性进行了简单介绍。最后，对稀土功能材料的磁性物理进行了介绍并提出本文的研究思路。

第 2 章概述了密度泛函理论和第一性原理计算的理论背景，对书中所采用的研究方法和模拟软件进行了简单介绍。

第 3 章采用理论计算研究了 $BaLaGa_3O_7$：Nd，Tb 的发光机理。首先对掺杂体系进行结构优化，基于优化后的平衡几何结构，对有无单缺陷的 BLGO 基体和有无近邻缺陷的 BLGO：Nd 磷光体进行了全面的研究。理论计算发现了 3 个重要的特性。第一，尽管带隙中出现缺陷的杂质能级，但 BLGO 基体中的单缺陷对发光几乎没有影响。第二，在晶胞中引入 Nd 离子可致发光。发光性能计算结果表明，在更高的未占据 4f 能级处出现 4f 与少量 5d 轨道的混合，导致 4f 能级间的宇称禁戒跃迁被部分允许。因此，实现 BLGO：Nd 发光的电子跃迁过程为：占据的 Nd 4f 电子→未占据的 4f 5d 能级→未占据的 5d 能级→ Nd 4f 空位能级。晶胞中的近邻本征缺陷对延长发光时间起辅助作用。第三，理论计算发现 $BaLaGa_3O_7$∶Nd，Tb 共掺杂对发光是有利的，因为其在带隙处出现了由浅至深的杂质能级分布。因此，BLGO∶Nd 共掺杂其他稀土离子为寻求更好的发光材料提供了理论指导。

第 4 章基于密度泛函理论研究的一系列多铁材料 R_2CoMnO_6/La_2CoMnO_6（R = Ce、Pr、Nd、Pm、Sm、Gd、Tb、Dy、Ho、Er、Tm）超晶格，其具有可观的电极化和磁化强度。在其磁有序的晶格中，$a^-a^-c^+$ 的 Glazer BO_6 八面体倾转模式和铁磁耦合诱导了其多铁性。另外，化学压和静水压能够调控 R_2CoMnO_6/La_2CoMnO_6 超晶格的铁电和铁磁性。其中，化学压比静水压的调控作用更明显。对于化学压，镧系离子的引入促进了 BO_6 八面体倾转的增加，反映在沿 c 轴方向上的 R 层的 $Co–O3–Mn$ 键角的急剧下降。相反，静水压作用在超晶格的 3 个方向上，$Co–O–Mn$ 键角因此改变相对较小，其八面体的倾转也比化学压作用下的小，导致电极化和磁化强度的变化不大。

第 5 章采用第一性原理计算全面地研究了 A 位有序的 $LaCu_3Fe_4O_{12}$ 负热膨胀材料。通过逐渐压缩平衡体积，诱导晶体结构相转变，出现从 $Im\bar{3}$（No. 204）转变到 $Pn\bar{3}$（No. 201）空间群，发生从 G 型反铁磁到亚铁磁的转变。对应地，Fe–Cu 离子间电荷转移发生在 Fe 和 Cu $3d_{xy}$ 轨道，表达为：$4Fe^{3+}+3Cu^{3+} \rightarrow 4Fe^{3.75+}+3Cu^{2+}$，伴随着 G 型反铁磁到亚铁磁的转变。有趣的是，在亚铁磁态，当持续压缩体积时，出现 Fe 离子的电荷不均匀分布现象，可表达为：$8Fe^{3.75+} \rightarrow 5Fe^{3+}+3Fe^{5+}$，这归因于当体积压缩至 $80\%V$ 以下时的 Fe 3d 和 O 2p 轨道之间的强杂化。同时，外加静水压体系发生自旋翻转现象，从高自旋 Fe^{3+} 反铁磁有序排列的 $LaCu^{3+}_3Fe^{3+}_4O_{12}$ Mott 绝缘体，经过一个亚铁磁耦合的 $LaCu^{2+}_3Fe^{3.75+}_4O_{12}$，发生到低自旋亚铁磁构型的 $LaCu^{2+}_3Fe^{3+}_{5/2}Fe^{5+}_{3/2}O_{12}$ 的转变。因此，自旋翻转现象导致出现 Fe 离子电荷不均匀分布的现象。本质上，电荷转移和自旋翻转来源于不连续变化的金属 – 氧键长和键角的变化。最后，理论计算验证了 $LaCu_3Fe_4O_{12}$ 的负热膨胀行为。

第 6 章采用基于 DFT+U 的第一性原理计算研究发光材料 Lu_2O_3∶Ln（Ln =

Nd、Sm、Eu、Gd、Tb、Dy、Ho、Er、Tm、Yb）。在进行了高通量的电子结构计算后，确定了 Lu_2O_3：Ln 体系中 4f 相关的电子跃迁规律和光学特征。在理论上获得了 Ln^{3+} 和 Ln^{2+} 能级的双 "zigzag" 图像，并由此得出了 4 种类型的电偶极允许跃迁模式，其中 Lu_2O_3：Eu 和 Lu_2O_3：Yb 具有较好的吸收特征。这种 4f 相关的电子跃迁图像还可为未来设计具有理想性能的新型发光材料提供理论指导。

最后，本书面向的读者主要是高校的本科生、研究生以及稀土领域的科研工作者。真诚希望本书能够对读者在稀土微观电子领域的学习和研究有所帮助，同时也希望能够激发读者对稀土理论研究的进一步思考和探索。

本书的出版获得吉林师范大学学术著作出版基金资助。

因笔者水平有限，难免疏漏，恳请各位同人、读者不吝斧正。

孟君玲

2024 年 6 月于吉林师范大学

目　录

CONTENTS

第 1 章

绪　论

　　稀土被人们誉为现代及未来工业必不可少的"工业维生素"和新材料的"宝库"，是世界公认的战略元素和高技术元素。稀土不但在传统产业的技术和发展中发挥着越来越重要的作用，而且在信息、生命科学、新材料、新能源、空间技术、海洋六大新科技产业中有着广泛的应用。稀土作为一种不可再生的稀有资源，被广泛应用于军事、电子、环保、航天和其他尖端技术中，与高新技术和国防科技的发展息息相关。因此，稀土的开发和利用得到了世界各国政府、企业和科研院所的重点关注。随着科技的进步和应用技术的不断突破，稀土功能材料的价值将越来越大，高值化应用已经成为我国稀土资源的重点发展方向。

　　在信息化时代背景下，集微型化、智能化、集成化、低功耗等特性于一体的新型多功能材料是当今科学技术的发展需要。钙钛矿型氧化物（ABO_3）具有多样的组成、丰富的结构畸变，同时兼具多自由度（晶格、电荷、自旋和轨道）耦合调控，作为实现磁、自旋、极化等功能的重要媒介而成为该领域的研究热点之一。另外，稀土元素具有相近的化学性质、递变的几何尺寸以及未充满的 4f 电子层结构，能够实现结构的微小准连续调整和电子性能关联变化。这种"双开关效应"在钙钛矿型氧化物晶格畸变和多自由度耦合调控中表现卓越，可以成为新型功能材料的设计宝库。稀土元素目前已广泛应用于节能环保、新一代信息技术、高端装备制造、新能源等新兴产业领域，在世界科技革命和产业变革中具有重要的战略价值。解密稀土、用好稀土、实现稀土高端应用也是我国从稀土大国转变为稀土强国的"密钥"。因此，有必要探索稀土对钙钛矿型氧化物磁耦合及电输运性能的影响，揭示内在强关联行为的微观机制，深化稀土理论计算，实现功能材料设计和稀土利用的"双赢"。

本章首先介绍稀土元素的基本性质及应用，着重列述稀土元素的尺寸递变特征及特殊的 4f 电子排布，通过总结磁学和光学等方面应用强调稀土在新兴材料产业中的重要战略地位；然后系统综述稀土元素理论计算的研究进展，阐述稀土元素理论计算的难点及在材料开发中的特殊作用。另外，从组成与结构畸变角度简要介绍钙钛矿型氧化物的丰富特性来源，继而展开论述常用的 3 种性能调控手段，即元素取代（化学压）、外延应变和等静压方法。最后，依据稀土元素在材料中的基础研究问题，提出并概述本书的研究目的、写作思路及主要研究内容。

1.1　稀土元素特性

中国拥有较为丰富的稀土资源，根据美国地质调查局（USGS）的数据，2022 年中国稀土储量为 4400 万吨，占全球总储量的 33.8%。国内稀土资源分布具有明显的地域特征，总体上呈现出"北轻南重"的特点。轻稀土主要分布在内蒙古自治区的包头市等北方地区，重稀土则主要分布在江西省赣州市、福建省龙岩市等南方地区[1, 2]。

稀土元素是指元素周期表中原子序数从 57 到 71 的 15 种镧系元素，以及与镧系元素化学性质相似的钪和钇共 17 种元素。稀土元素属于多电子原子，基态原子的电子构型通式为 $[Xe]4f^x5d^{0或1}6s^2$（x 取 0~14）。随着原子序数的增加，新增加的电子主要排布在 4f 内层上。由于 4f 电子层的弥散，对核电荷不完全屏蔽，导致随着 4f 电子的增加，有效核电荷略有增大，对外层电子的引力略有增强，引起稀土离子半径收缩。这种现象称为镧系收缩效应。同时，4f 轨道劈裂能小，电子轨道能级排列紧密，使稀土元素具有独特的电子层结构，电子能级呈现"近连续"的变化。另外，稀土 4f 5d 电子具有强关联性和强的自旋 – 轨道耦合效应。因此，通过研究稀土 4f 5d 电子在不同化学环境下的成键特性和能级分布，可获得稀土功能材料局域的电子结构，进而揭示产生宏观光、电、磁等性能的微观机理。

　　稀土元素的准递变特性为基础研究领域提供了丰富的原子级别调控,同时由稀土元素参与组成的材料往往具有优异的光、电、磁等性能,广泛应用于电子信息、能源催化、发光、军事、医疗等领域,使之成为现代科技发展的关键元素,同时也是重要的战略资源。稀土元素在地壳当中的含量实际上并不稀少,丰度最低的是 Tm,其全球岩石圈的地壳丰度为 0.08×10^{-6} g/t,含量要高于耳熟能详的 Au(0.0019×10^{-6} g/t);丰度较高的 La、Ce、Nd 含量在 7.8×10^{-6} ~ 9.3×10^{-6} g/t 之间,高于 Ag、Pb 等常见元素。从地域上看,稀土储量较大的国家有中国、俄罗斯、美国、澳大利亚等;但在技术应用上则主要由美国、日本、德国、荷兰等国家主导。稀土元素前期开发利用受限于分离纯化技术,但在着色、冶金、催化等领域的应用已初见苗头;19 世纪 70 年代以后,稀土的萃取分离技术获得大幅提升,稀土应用伴随新材料产业向着精细化、功能化、集约化的方向发展,并应用到国计民生的各个行业,有高端设备制造、武器开发,也有日常照明、手机通信、屏幕显示等。中国作为一个稀土资源大国,具有完整的稀土产业化链条,稀土采选、冶炼和分离等工艺技术也处于国际领先地位,但稀土元素的集中应用起步较晚,原始创新能力的不足制约了中国稀土材料高端水平的应用。因而,有必要加强稀土元素功能机理方面的基础科学研究,为稀土元素的高值化和充分利用提供基础支撑,助力"稀土功能 +"成为国民经济发展的新动能。

　　在化学元素周期表中,稀土元素的金属活泼性仅次于碱金属和碱土金属,可以和 C、N、P 等发生反应,也易溶于 HCl、H_2SO_4 和 HNO_3 溶液中。稀土元素按照性质差异可以分为轻稀土和重稀土两类,以 Gd 元素为分类界限,Y 元素归类于重稀土而 Sc 元素则不归属于任何一类。此外,还可以按照萃取分离的工艺性质分为轻、中、重 3 种,但具体分类方法没有统一之定规。在我国,轻、重稀土的分布存在"北轻南重"的分布特点,南方以离子吸附型稀土矿为主,主要生产重稀土,而北方则主要在氟碳铈矿、独居石等矿石中提取轻稀土。不仅如此,稀土元素的很多物理化学性质也随原子序数的增加呈现规律性变化,这主要来源于原子 / 离子尺寸变化以及相似、周期性填充的电子排布。随着稀土元素原子序数的增加，原子半径呈现典型的"双峰效应"，也有称之为"双峰一谷"，即在 Ce 元素原子半径出现些许下降而在 Eu 和 Yb 处半径则较大。密度、热膨胀系数、原子电负性等性质与原子半径相关，也呈现类似变化趋势。与原子半径变化趋势不同，同一价态稀土离子随着原子序数的增加逐渐减小，且在 Gd 处出现轻微的不连续现象，即"镧系收缩""Gd 断效应"。与之相关的性质如离子电负性、熵变、焓变等也具有相似的规律。稀土元素的尺寸效应是实现稀土元素特殊功能化的重要因素之一，如钙钛矿稀土氧化物中自旋效应、电荷有序等性质的微观调控，氧还原催化性能、光学、磁学性能的调变等。

稀土元素的电子结构以及在不同结构环境中的响应是决定其物理化学性质的关键内在因素，除 Sc、Y 外，随原子序数增加，核外电子填充在 4f 5d 轨道上。这里，La、Ce、Gd、Lu 在 5d 轨道上排布了 1 个电子，其他均排在了 4f 轨道上。常规而言，内层电子对外层电子有排斥作用，使原子核对外层电子的吸引能力减弱，产生了屏蔽效应，而有的外层电子也钻到离核较近的内层空间来削弱这种屏蔽作用，称之为钻穿效应。屏蔽效应和钻穿效应的存在导致了能级分裂和交错，对于高原子序数的镧系元素情况则更为复杂。根据鲍林（Pauling）原子能级分布，4f 轨道能级高于 5s 和 5p 轨道，甚至高于 5d 轨道，而 4f 轨道在空间受到满壳层轨道 5s 和 5p 的屏蔽，对外场的电场、磁场、配位场的响应较为迟钝，显示出独特的光学、磁学和晶体学特性。La、Gd、Lu 的 f 轨道填充特点分别为全空（$4f^0$）、半满（$4f^7$）和全满态（$4f^{14}$），能量相对稳定，相应地其离子倾向于形成稳定的 +3 价，右侧近邻倾向氧化成高价，如 Ce^{4+}、Tb^{4+} 等；左侧近邻则倾向还原成低价态，如 Eu^{2+}、Yb^{2+}。同时，稀土元素的 f 轨道形状比较分散，空间延展较远，对原子核的屏蔽不完全，使得有效核电荷随原子序数而增大，导致稀土离子"镧系收缩"效应的出现。Gd^{3+} 处离子半径的不连续性是半充满结构带来的屏蔽能力增加造成的，这是"Gd 断效应"产生的根本原因。稀土元素的原子半径变化则有 f 轨道填充效应多方面因素的共同作用，一是 f 轨道的顺序填充导致稀土原子核吸引电子能力增强，诱导了半径尺寸减小的单向变化，二是 Eu 和 Yb 的 4f 轨道填充为半充满和全充满状态，使得金属成键电子数少于其他稀土元素，形成了双峰性质，而 Ce 半径的下降则是由于金属成键电子的略微增加。但对于 4f 5d 成键作用本身来说目前还处在百家争鸣的状态，需要进一步探究和揭示。

1.2　稀土材料的应用

稀土元素的应用研究一直是全球各国的重点发展领域。据"《中国制造 2025》重点领域技术创新绿皮书"显示，稀土元素独特的尺寸及电子结构特征使其具有优异的物理化学性质，由稀土元素构成的新材料在信息、新能源、智能制造、电子芯片、核电、光纤通信、航空航天、国防军工和兵器系统等 13 个领域 40 个行业得到了广泛的应用，是改造传统产业、发展新兴产业的关键战略性基础材料。稀土元素的应用特点是功用性强而用量小，添加少量的稀土元素就可以使材料的性能得到大幅度提升，不同稀土元素在同一种材料中的功能特性可能互为促进也可能完全相反，具体应用时需要加以甄别，稀土元素在新材料中的特色应用汇总于表 1.1。

表 1.1　新材料产业稀土元素的特色应用

元素	特　色　应　用
Sc	高性能合金、特种玻璃、半导体器件、钪钠灯、燃料电池
Y	光学基质材料，燃烧电池、荧光屏、核反应稀释剂、气敏元件
La	光学基质材料，光转换农用薄膜、压电材料、热电材料、磁阻材料、储氢材料
Ce	催化、激光器、核反应稀释剂、耐高热合金、着色剂、汽车玻璃、特种玻璃等
Pr	永磁材料、发光材料、催化、陶瓷颜料
Nd	永磁材料、光学激光器、着色剂、合金改性
Pm	热源、便携式 X- 射线仪、荧光粉、航标灯
Sm	耐高温永磁、核反应堆结构材料、屏蔽材料和控制材料、陶瓷电容器、催化剂
Eu	荧光粉、磁性、核反应堆结构材料、屏蔽材料和控制材料、光学玻璃、镜片等
Gd	磁共振造影、超导磁体、固态磁致冷介质、中子吸收剂、光学基质材料
Tb	荧光粉、磁光玻璃、磁致伸缩合金、磁光储存材料
Dy	磁致伸缩合金、磁制冷、荧光粉、核反应控制材料和减速剂、照明光源
Ho	金属卤素添加剂、光纤激光器通信、医疗激光器

续表

元素	特 色 应 用
Er	激光晶体、核反应控制材料和减速剂、人眼安全的激光测距仪器、着色 / 脱色
Tm	X 射线机射线源、临床诊断和治疗肿瘤、用作金属卤素灯添加剂
Yb	热屏蔽涂层材料、磁致伸缩材料、电脑记忆元件添加剂、激光器
Lu	发光基质材料、能源电池、镥核素用于催化、磁泡储存器原料

目前，稀土磁性材料是新材料产业稀土元素用量最大的功能材料。稀土磁性的来源是稀土离子（$Ce^{3+} \to Yb^{3+}$）具有未完全充满的 4f 电子层，存在不成对电子且最多可以达到 7 个（Eu 和 Gd），未抵消磁矩使稀土材料产生强磁性。例如，SmCo 合金（第一代 / 第二代）、NdFeB 合金（第三代）以及高丰度 CeFeB 合金等用作永磁材料，应用于风力发电、工业机器人、移动通信等行业；Gd 材料具有最大的磁矩（对应 7 个单自旋电子），且性质稳定，应用于磁共振成像的效果最好。$REFe_2$、TbDyFe 等材料具有超磁致伸缩效应，应用于声呐、机械制动、阀门控制等方面，这些应用均与 4f 轨道特性息息相关。稀土元素的 4f 轨道处于内层，自旋轨道耦合强于晶体场作用，且呈各向异性的椭球状，外加磁场时自旋磁矩和轨道磁矩都发生转动从而产生大的磁致伸缩。$Y_3Fe_5O_{12}$（YIG）和 $Gd_3Fe_5O_{12}$（GIG）是典型的稀土磁光材料，利用了稀土元素的强磁性和电子跃迁特性。此外，庞磁电阻材料如稀土掺杂的锰氧化物、磁泡材料如 $Gd_3Ga_5O_{12}$（GGG）、室温磁制冷材料如 Gd、$REAl_2$ 等都利用了稀土的磁特性实现了功能转换并产生了优异的效果。

稀土光学材料是稀土元素应用中种类最为纷繁的一族。非满壳层稀土离子共有 1639 个能级，可能发生的跃迁数目高达 199 177 个，大概可观察到 30 000 条谱线，是巨大的发光宝库，按跃迁机制可分为宇称禁戒的 f–f 跃迁、宇称允许的 f–d 跃迁和电荷跃迁，按照激发方式的不同可分为光致发光、X 射线发光、高能粒子发光、生物发光等。丰富的电子能级内涵使稀土元素成为荧光材料、磷光材料、激光晶体、闪烁晶体的功能来源，从日常的照明、显示到尖端医疗设备、安全检测再到武器装备都有广泛的应用。而 La^{3+}、Gd^{3+}、Lu^{3+}、Y^{3+} 等离子具有满壳层结构，由它们构成的卤化物、氧化物、含氧酸盐晶体性质稳定，能为发光中心提供匹配的结构环境，是非常优良的光学基质材料，如 Yb : NaYF$_4$ 作为荧光材料、Nd : Y$_3$Al$_5$O$_{12}$ 作为激光晶体、Ce : (Lu$_x$Y$_{1-x}$)$_2$SiO$_5$ 作为闪烁晶体等。

除磁性、光学性能外，稀土超导、稀土催化、稀土储氢等功能材料也在蓬勃发展。随着科技的进步，稀土元素不负众望地带给人们的生产生活带来更多便利，如：Liu 等在压力条件下预测了 La-H、Y-H 体系的近室温超导性；Errea 等从理论上揭示在所需要的压力范围内量子原子涨落稳定了 LaH$_{10}$ 高度对称的晶体结构，为近室温超导提供有效指导[17, 18]。又如，Hyodo 等在 BaZrO$_3$ 中掺入了高含量的 Sc 实现了质子传导性能的提升，为燃料电池中温应用提供了更多可能[19]。同时，随着稀土功能材料的开发，我们也要注意到稀土元素集中利用所带来的公共环境和生态安全问题，绿色科学地使用稀土、完善稀土元素生态毒理学及人体毒理学研究是稀土元素可持续发展的有力保障，也是科研工作的社会价值体现。

由于稀土元素具有独特的物理化学性质，能与多种元素化合，大幅度提高物质的性能，其应用领域日益广泛[3-5]。

1.2.1　稀土光学材料

在稀土功能材料的发展史中，尤其以稀土发光材料格外引人注目。稀土因独特的电子层结构而具有一般元素无法比拟的光谱性质，它的发光几乎覆盖整个固体发光的范畴。稀土元素的原子具有未充满的而受到外界屏蔽的 4f 5d 电子组态，因此具有丰富的电子能级和长激发态寿命，能级跃迁通道多达 20 多万个，可以产生多种辐射、吸收和发射，构成了广泛的发光和激光材料。稀土发光材料具有几方面优点：发光谱带窄，色纯度高，色彩鲜艳；光吸收能力强，转换效率高；发射波长分布区域宽；荧光寿命从纳秒跨越到毫秒，大 6 个数量级；物理和化学性能稳定，耐高温，可承受大功率电子束、高能辐射和强紫外光的作用。因此，稀土发光材料在照明、显示、显像、医学放射学图像、辐射场的探测和记录等领域已经产生了不可替代的作用。

稀土 4f 的能级跃迁主要有以下两类。

（1）f-f 跃迁。f 轨道在内层，原子的外层电子将 f 内层包围屏蔽起来，因此 f–f 跃迁对周围环境不敏感，所受影响可以忽略不计，产生的光谱锐短且直，荧光寿命也长。在可见光区，f–f 跃迁产生的荧光颜色丰富多彩，已经走入千家万户，在显示及照明等领域大放异彩，应用广泛；在近红外区，f–f 跃迁产生的近红外激光穿透力强，可透过光纤和大气，在光通信和远程测距等领域发挥着关键性作用。

（2）f–d 跃迁。众所周知，d 电子不同于 f 电子，在原子核外的最外层，直接与外界环境相接触。由于受外围环境的作用会产生比较大的反应，故 f–d 跃迁产生的光谱的特点与 f–f 跃迁产生的相反，可以在激光调谐及闪烁晶体等领域获得应用。

迄今为止，人们用于激光发射的能级跃迁种类只有 48 个，而用于发光照明的能级跃迁更是屈指可数。然而，稀土光功能材料的应用却已经遍地开花，范围甚是广泛，涉及现代生活的方方面面，在日常照明，现代农业、医疗，国防军事等多个领域占据重要地位。由此可见，稀土作为光功能材料的潜力无限。而为了更好地开发新的稀土光功能材料，充分利用稀土这个发光宝库，需要我们进一步加大对稀土 4f 5d 电子的基础研究力度，更加全面地理解稀土的发光机理。

1.2.2 稀土电学材料

随着现代社会的发展，地球上的不可再生资源正逐渐枯竭，环境污染问题也在不断加剧。能源和环境问题已成为人类社会发展的重大问题。因此，寻找高效、绿色的能量转化装置是解决这些问题的重要途径之一。稀土元素由于独特的物理化学特性，在半导体、高温超导体、固体离子导体、电子导体等电学功能材料的研究开发中越来越受青睐。一方面，稀土元素与含 d 电子的过渡金属元素可以形成层状的低维结构，如 ABO_3 型钙钛矿结构氧化物，类钙钛矿结构 Ruddlesden–Popper 型氧化物如 $La_{n+1}Ni_nO_{3n+1}$，过渡金属 d 电子在这些氧化物中起着载流子输运的作用，而稀土元素因其较大的离子半径在其中扮演骨架原子的角色，有利于稳定结构。另一方面，如果在这些化合物中引入一些缺陷，如通过不等价掺杂（用低价位离子替换高价位离子）或者偏离化合物的化学计量比（例如产生氧空位），这会使化合物中过渡金属离子的 d 电子离域程度、自旋状态及价态发生一定的改变，进而使材料的导电性能发生改变。

在稀土与过渡金属离子（d电子）形成的层状结构骨架中，稀土可稳定有利于载流子运输的低维结构。目前，国内外学者对含稀土的钙钛矿结构（ABO_3）和类钙钛矿结构（A_2BO_4）的化合物进行了广泛的研究。当位于 A 位的三价稀土离子被不等价的离子取代或通过偏离化学计量比而引入缺陷时，可导致 B 位的过渡金属离子的价态、自旋状态和电子的离域程度发生变化，进而引起材料导电性能的变化。基于这一特性，近年来已发现了多种新型材料，包括固体氧化物燃料电池固体电解质和电极材料、钇钡铜氧高温超导体以及一些传感材料等。这些发现使得稀土成为探索新型半导体、离子导体、电子导体，以及高温超导材料等电学材料的重要资源，引发了人们对稀土的缺陷化学和非化学计量化合物的极大关注。

稀土电学材料是稀土功能材料中非常重要的一部分。近年来，研究者们在稀土固体电解质、电极材料、传感材料以及高温超导材料等领域取得了显著的突破，使其展现出良好的应用前景。然而，从基础研究到相关材料的应用推广，这一过程仍然漫长，挑战重重。因此，我们需要进一步加强对稀土及其缺陷化学的研究，在掌握材料导电性能的影响因素的同时，突破核心技术，研发新型的稀土电学材料。

1.2.3 稀土磁性材料

磁性与未成对的电子数有关，稀土元素在4f层中的未成对电子数可高达 7 个，多于过渡金属元素在 d 层的未成对电子数（最多只有 5 个）。同时，由于4f电子的自旋运动和轨道运动具有较强的自旋 – 轨道耦合作用，它们的轨道角动量 L 和自旋角动量 S 对磁性都有贡献，其有效磁矩取决于总角动量量子数 J（$J=L \pm S$）。而过渡金属元素，特别是 3d 元素，轨道角动量被"冻结"，有效磁矩主要取决于自旋角动量。而且，由于 4f 电子被外层的 $5s^2 5p^6$ 所屏蔽，它们受周围环境的影响较小，而过渡金属元素的电子裸露在外，受周围环境的影响较大。因此，稀土的磁性不同于铁、钴、镍等 d 族过渡元素，稀土具有较大的顺磁磁化率、饱和磁化强度、磁各向异性等，从而使稀土在永磁材料、磁致伸缩材料、磁电耦合材料等方面获得了广泛的应用。

在稀土功能材料的研究领域中，稀土磁性材料受到了极大关注，并且它们的应用范围也是最广泛的。稀土材料的磁性特性与铁、钴、镍等含有 d 电子的过渡金属元素的磁性存在显著差异，这些差异主要体现在 3 个方面。

（1）成对电子数。材料的宏观磁性特性和微观的未成对电子数息息相关。过渡金属元素拥有 d 电子，因此 d 轨道中的未成对电子数最多只可能有 5 个；稀土元素含 4f 电子，f 轨道有 7 个分轨道，因而其未成对电子数通常比过渡金属元素要多，最多可以达到 7 个。

（2）电子的轨道与自旋。我们知道，磁性体系内的有效磁矩为 $J=L\pm S$，其中 J 是总角动量子数，L 代表体系中的轨道角动量，S 则代表的是自旋角动量。含 d 电子的过渡金属元素，特别是含 3d 电子的过渡金属元素，它们的有效磁矩由自旋角动量主导，而其轨道角动量对磁矩的影响可以忽略不计。相比之下，稀土 4f 电子在运动过程中，其自旋和轨道运动是同时发生的，并且两者之间存在较强的耦合作用，这意味着 4f 电子的自旋角动量和轨道角动量对稀土材料的磁性都有所贡献。

（3）周围环境。过渡金属元素的 d 电子直接暴露在外，因此它们之间没有阻碍，可以直接进行电子交换；而稀土元素的 4f 电子层外还有其他电子层，外层电子对 4f 电子起到了屏蔽作用，使得 4f 电子不能直接与外界环境相互作用，而是需要通过某些媒介进行间接的电子交换。由于稀土元素 4f 电子的特殊性，使得稀土在功能材料领域，如永磁材料、致伸缩材料、磁致冷材料、巨磁阻材料、磁光材料等多个领域得到了广泛的应用。

稀土永磁材料之所以得到广泛应用，主要得益于它们的高磁化强度。轻稀土镨（Pr）、钕（Nd）、钐（Sm）等元素有效磁矩为 $J=L-S$，因此其磁性由轨道角动量主导，而已知过渡金属元素的有效磁矩来源于自旋角动量 S'，并且与稀土的自旋角动量 S 呈现反铁磁耦合。由于 L 与 S 的方向始终一致，轻稀土的 4f 电子和过渡金属的 d 电子之间的耦合总是表现为铁磁性的。这种铁磁性耦合使得由它们形成的金属间化合物具有非常高的磁化强度，这些材料能够在不消耗能量的情况下永久保持磁性，因此成为永磁材料的核心产品。

磁致伸缩现象描述的是材料在磁场作用下，其结构沿磁场方向发生伸长或缩短的机械形变。稀土合金中存在着极大的饱和磁致伸缩，且居里温度高，磁各向异性大。这些特性使稀土合金在多种高科技领域中得到广泛应用，如在声学领域（如超声波发生器）、伺服系统（如微位移制动器）、力学传感（如压力传感器）等。因此，稀土磁致伸缩材料在推动尖端科技发展中扮演着至关重要的角色。

稀土磁制冷材料是最具有应用潜力的稀土磁性功能材料之一。磁制冷是一种环保且高效的制冷方式。稀土磁性材料中存在磁热效应，其实就是改变外磁场会使磁性材料内部发生磁熵变化，在宏观上表现出材料吸热或者放热的现象，这是磁性材料中存在着的一种固体特性。因此，可以利用这种效应来改进传统不环保的制冷技术。在稀土元素中，尤其是重稀土元素，有许多未成对电子，在外场的作用下，这些原先具有较大自旋矩的自旋电子会发生重排，从而产生较大的磁热效应，故重稀土元素是磁制冷材料中非常关键的组成元素之一。

稀土磁性材料在交通运输、电子通信、能源环境、医疗保健以及家用电器等关乎国民经济发展的领域中发挥着关键性的基础作用，并且在国家安全方面，特别是在航空航天和国防军工等高技术领域，具有无法替代的作用。因此，深入开展关于稀土磁性的基础研究，推进高新技术稀土磁性功能材料的发展，是未来中国稀土功能材料重要的发展方向及战略目标。

在稀土功能材料的研究中，稀土磁性材料是较受重视的研究领域之一。中国在稀土磁性材料的多个研究方向上取得了具有国际影响力的成果。特别是在2004—2013 年，中国在稀土磁性材料领域的论文总数超过美国、德国、日本等发达国家，位居世界第一。中国对稀土磁性材料的大量基础研究不但极大地推动了重要新材料的发现和磁性物理的发展，而且也促进了稀土磁性材料的应用，特别是稀土多铁性和磁电耦合材料，因其巨大的应用潜力而备受关注。稀土元素在多铁材料的合成以及磁电耦合作用的调控方面起着关键作用。目前，室温下具有优良磁电耦合性能的材料仍然稀缺，因此，积极探索新型稀土多铁材料，加强磁电耦合效应的物理研究以及应用器件的开发，是未来稀土磁性材料的重要研究方向。

1.3 稀土离子电子跃迁特性简介

发光材料通常由激活剂和基质组成，其中稀土离子作为激活剂，其发光机理主要涉及 4f 和 5d 能级的电子跃迁。稀土离子在基质中的发光可以分为两类：f–f 跃迁和 f–d 跃迁。稀土离子的 4f 电子在不同能级之间发生的跃迁，无论是 f–f 组态内的跃迁还是 f–d 组态间的跃迁，都赋予了稀土独特的发光和光吸收特性。

对于 4f 层内的 f–f 跃迁，其吸收和发射谱线都呈现为锐线谱。尽管 f–f 跃迁按照宇称选择定律通常是严格禁戒的，但由于稀土离子周围环境及晶格对称性等因素的影响，f–f 跃迁得以发生。例如，当稀土离子处于非反演对称中心的位置时，晶体场势能展开式中的奇次项会导致少量相反宇称的波函数（如 5d 或 5p）混入 4f 波函数中，从而放宽了晶体中的宇称禁戒选律，使 f–f 跃迁成为可能。

f–f 跃迁具有以下特征。

（1）发射光谱呈线状。色纯度高。

（2）荧光寿命长。

（3）基质对材料发光颜色的影响不大。

（4）光谱形状很少随温度而改变。

（5）谱线丰富，可以发射从紫外到红外各种波长的光。

除 f–f 跃迁外，三价稀土离子和大部分二价稀土离子，如 Ce^{3+}、Pr^{3+}、Eu^{2+} 等，还表现出 5d–4f 跃迁的特性。由于 $4f^n$ 和 $4f^{n-1}5d$ 宇称相反，$4f^n$ 和 $4f^{n-1}5d$ 的跃迁是被允许的。这种跃迁与禁戒的 f–f 跃迁存在很大的差别。首先，这种跃迁产生的光谱与晶格的振动有密切的关系，光谱为带状，半高宽可达 1000~2000 cm^{-1}；其次，其吸收强度比 f–f 跃迁大 4 个数量级，而荧光寿命则比 f–f 跃迁短得多，例如 Ce^{3+}、Eu^{2+} 的寿命仅为 10^{-6} s；最后，由于 5d 电子比 4f 电子更容易受到晶体场的影响，f–d 跃迁的光谱位置明显受到电子云扩大效应和基质的影响。同一稀土离子在不同的基质中，f–d 跃迁的吸收强度和位置会有明显的变化。

f–d 跃迁的特征总结如下。

（1）发射光谱为宽带，发射强度较 f–f 跃迁强。

（2）基质对发射光谱的影响较大，可明显改变发射的颜色。

（3）电偶极允许，荧光寿命短，通常是 ns 量级的。

（4）发射光谱受温度的影响较大。

（5）价态常常是可以变化的。

1.4　稀土铁电性、磁性、多铁性简介

　　铁电体是一类特殊的电介质材料。传统的铁电晶体在自然状态下基本晶胞内存在固有的不对称性，正负电荷中心不重合，具有自发极化特性，自发极化方向可随着外加电压的改变而发生反转，并且在去除外加电压后，极化方向保持不变；只有当施加足够大的反向电压时，极化方向才能够被改变[6]。铁电性类似于铁磁性，其宏观表现为材料体系在一定温度范围内具有自发极化且随外场改变方向，电场下极化具有不可逆性，电滞回线特征与铁磁体的磁滞回线特征接近。从晶体结构上来看，自发极化是由于晶胞内正负电荷中心不重合，沿某一方向发生相对位移，从而形成偶极矩，导致非零的电极化强度。这个方向称为极化方向，特点是不随晶胞所属点群的任何对称操作而改变。在 32 个结晶学点群中，满足这个条件的极性点群只有 10 个。这表明极性点群都是非中心对称的，但非中心对称的点群不一定具有极性。铁电性具有温度效应，当温度超过某一值时自发极化会消失，导致铁电 – 顺电相变。铁电相变是一种典型的结构相变，自发极化的出现是由于晶体内部原子位置的变化所引起的。根据晶体结构特点，铁电相变可分为位移型和有序 – 无序型两种，在铁电体材料中，这两种类型往往同时存在。从序量的阶数来看，若自发极化是描述对称性变化的主要序量，这种相变被称为本征铁电相变，典型的化合物包括 $BaTiO_3$、$LiNbO_3$、$LiTaO_3$ 等。这类铁电体微观理论解释的突破性进展是软模理论。它的重要意义在于揭示了铁电相变的共性，指出铁电相变是结构相变的一种特例，是布里渊区中心光学横模软化导致自发极化的铁畸变性相变。但在某些铁电材料中，自发极化并不是相变的初级序参量，而是与其他序参量耦合的结果。

　　磁性是物质的基本属性之一，从原子组成上看其来源可以分为原子核贡献

和电子贡献两部分。由于电子和原子核之间巨大的质量差异（约 10^3 倍），原子核的磁性贡献一般忽略不计。电子贡献用磁矩量度，并且可以进一步细分为轨道磁矩和自旋磁矩：

$$\begin{cases} \mu_L = -\dfrac{e}{2m}L & |\mu_L| = \sqrt{l(l+1)}\mu_B \\ \mu_s = -\dfrac{e}{m}S & |\mu_s| = 2\sqrt{S(S+1)}\mu_B \end{cases} \tag{1.1}$$

其中，μ_L 代表轨道磁矩，μ_s 代表自旋磁矩，μ_B 为玻尔磁子，其值为 $\dfrac{e\hbar}{2m}$，其中 e 是电子的电荷量，$\hbar$ 是约化普朗克常数，m 为电子质量。这里，L 代表轨道角动量，S 代表自旋角动量。

对于单电子系统，轨道磁矩和自旋磁矩可以直接相加得到总磁矩。然而，在多电子原子中，轨道和自旋的作用并不是完全独立的，电子绕原子核的运动产生的磁场与自旋磁矩之间的相互作用称为自旋 – 轨道相互作用。

如果电子之间的库仑作用大于自旋 – 轨道相互作用，那么电子的轨道角动量和自旋角动量会先分别合成，然后再合成原子的总角动量；相反，如果自旋 – 轨道相互作用更为显著，那么，电子的自旋角动量和轨道角动量会先合成的总角动量，再与其他电子的角动量合成原子的总角动量。这两种不同的耦合方式分别被称为 L–S 耦合和 j–j 耦合。

L–S 耦合适用于原子序数较小的元素，此时电子的轨道 – 轨道和自旋 – 自旋相互作用较强。而 j–j 耦合适用于原子序数较大的元素（如 $Z>80$），在这些元素中，单个电子的自旋 – 轨道相互作用更为显著。上述概念便于我们从原子层面理解磁性并在磁性模拟计算时进行合适的处理。当我们将视角扩展到多原子构成的宏观体系时，原子的磁性以及它们之间的自旋相互作用决定了宏观的磁性特性。根据宏观磁化率的特点，可以将材料分为抗磁性、顺磁性、铁磁性、反铁磁性等类型。除抗磁性外，顺磁性、铁磁性、反铁磁性在微观层面上的差异主要体现在自旋排列的方式上。顺磁性物质的磁矩排列是无序的，而铁磁性和反铁磁性物质的磁矩则呈现出有序排列，导致时间反演对称性的破缺。对于自旋相互作用的理解，从 20 世纪开始，经过大约 100 年的发展，科学家们已经提出了一系列模型来解释不同材料体系内的自旋相互作用。

　　海森堡交换模型是最早提出的模型之一，它基于相邻原子或离子间的静电相互作用，成功解释了铁磁体内部的磁有序现象。该模型的哈密顿量（Hamiltonian）表达式为 $H = \sum_{ij} J_{ij} \boldsymbol{S}_i \cdot \boldsymbol{S}_j$，为铁磁性量子理论的发展奠定了基础。而超交换作用模型则用于解释氧化物中反铁磁自发磁化现象的起源。在氧化物中，磁性离子通过非磁性氧（O）离子连接，它们之间不太可能发生直接的交换作用。这种作用可以被看作是一种由氧离子中电子参与虚跃迁过程而产生的广义动态交换。双交换作用模型则用于解释氧化物中磁性离子在不同价态时的交换作用机制。此外，还有用于解释稀土金属及合金复杂磁结构现象的RKKY 模型，该模型认为，交换作用是以传导电子的极化作为媒介的。

　　铁磁体的最大特点是它们具有自发磁化的能力，即使在外加磁场消失后，它们依然能保持磁性。磁化过程并不是外界向物质提供磁性的过程，而是把物质本身的磁性显示出来的过程。在原子的电子壳层中，存在没有被电子填满的状态是形成铁磁体的必要条件。反铁磁性物质由电子自旋方向反平行排列的两套次级晶格组成，在同一次级晶格内磁矩同向排列，在不同的次级晶格间，磁矩反向排列。两个次级晶格的磁化强度大小相同、方向相反，因此，整个晶体的宏观磁化强度等于 0。亚铁磁性的宏观磁性与铁磁性相似，只是磁化率稍低。它们的内部磁结构与反铁磁性相似，但不同之处在于亚铁磁性材料中相反排列的磁矩大小并不相等，所以亚铁磁性是未完全抵消的反铁磁性结构的铁磁性表现[7]。

　　1994 年，瑞士科学家汉斯·施密德（Hans Schmid）正式提出了多铁材料的概念。2003 年，以 $BiFeO_3$ 薄膜的大铁电极化和 $TbMnO_3$ 单晶的磁控电这两大突破作为里程碑，多铁材料的研究迎来了复兴时代，并不断发展，取得了若干突破性的成果。2007 年，多铁材料被《科学》杂志遴选为下一年度重点关注领域。2010 年，美国物理学会的詹姆斯·C. 麦高第奖（James C. McGroddy 奖）授予了拉玛莫西·拉梅什（Ramamoorthy Ramesh）教授等，以表彰他们"在推进对多铁性氧化物的认识以及应用方面所做的奠基性贡献"。目前，多铁领域的发展已逐渐与基础物理、化学、材料等多学科交叉融合，形成了从基础物理理论到具体材料体系研究，再到器件应用等多个发展方向，成为国际上一个新的前沿研究领域。

铁性序是指材料中某种矢量型（具有方向性）的序参量，包括铁弹性材料的应力 ε、铁磁性材料的磁化强度 M、铁电性材料的电极化强度 P、铁涡性材料的环量 T。最初，多铁材料的定义为同时具有两种以上铁性序参量的单一相材料。现在，磁电多铁的定义已扩展为同时具有铁电性和磁序（包括铁磁、亚铁磁或反铁磁有序）的单一相或者多相复合材料。

磁电多铁材料的发展起源于 20 世纪中期，研究最多的是方硼石结构的 $Ni_3B_7O_{13}I$。20 世纪 80 年代，Cr_2BeO_4 的磁序打破空间反演对称性进而诱导铁电的研究，以及 20 世纪 90 年代的 MEIPIC Ⅱ 会议，为 21 世纪磁电多铁材料的发展埋下了复兴的火种。2000 年，美国加州大学圣芭芭拉分校的尼古拉·A. 希尔（现名尼古拉·A. 斯帕尔丁）等人对磁电多铁材料稀少的原因进行了解释，引发了多铁材料的深入研究。一方面，由于铁电材料要求非对称中心结构，使其具备空间反演对称性，而磁序材料则要求不具备时间反演对称性，因而能够同时满足自发极化和自发磁化的点群并不多。另一方面，钙钛矿铁电性与磁性对电子组态要求具有互斥性。钙钛矿结构中由于近邻原子杂化，正负电荷中心不重合从而产生铁电态（位移型铁电），因而一般要求 d 电子为空占据态；而磁性的产生一般要求部分占据的 d 轨道态[72]。因此，磁电多铁材料在自然界中存在是比较稀少的。

原则上可以寻找由其他机制驱动的铁电或磁序来实现铁电与磁序的共存，如非位移性铁电、非 d 电子磁矩、非钙钛矿结构等。六角型 $YMnO_3$、正交型 $TbMnO_3$ 以及 $TbMn_2O_5$ 等材料多铁性的研究为多铁材料的发展带来了重要突破，尤其是后两种材料中铁电序是由磁序诱导出来的，具有大的磁电耦合系数，促进了材料科学、凝聚态物理、材料理论等领域的协同发展。

磁电多铁材料按照组成不同可以分为单相多铁材料和复合多铁材料。按照物理机制的不同，张晟（Cheong）等将铁电体分为常规铁电体和非常规铁电体，常规铁电体包括 d^0 ness 机制和孤对电子机制；非常规铁电体则包括结构畸变、几何铁电、电荷有序及磁有序机制诱导的铁电体。科姆斯基（Khomskii）等人则是将磁致铁电单独归为一类，称为 II 型多铁材料；而其他类型的多铁材料称为 I 型多铁。Khomskii 的分类方法目前比较常用。下面就多铁材料的几种产生机制分别介绍。

（1）孤对电子机制。通过设计不同的磁性激活离子和铁电性激活离子的复合来实现单相材料的多铁性，但磁电耦合系数较弱。铁电性离子包括 d^0 组态的过渡金属离子以及 $6p^0$ 组态的 Pb^{2+} 和 Bi^{3+} 等；磁性激活离子包括非 d^0 组态的过渡金属离子以及大多数的稀土离子。属于此类的多铁材料包括 $PbVO_3$、$BiMnO_3$、$BiFeO_3$、$Pb（Fe_{2/3}W_{1/3}）O_3$、Bi_2CoMnO_6 等。$BiFeO_3$ 是目前唯一的室温单相多铁性材料，在多铁材料中研究最为广泛。$BiFeO_3$ 的居里温度为 1103 K，Néel 温度为 643 K，自发极化强度可以高达 100 μC/cm^2，这是其他多铁材料所无法比拟的[65]。近年的研究热点主要包括薄膜及单晶的生长制备、掺杂改性、纳米化制备、畴结构等。

（2）几何铁电体。这类多铁材料的铁电性来自几何和静电力的微观驱动，其离子位移由空间效应和几何约束产生，缺点是产生的电极化较小。研究最多的是六角结构的重稀土锰氧化物。以 $YMnO_3$ 为例，其空间群为 P63cm，由 MnO_5 层和 Y 离子层交替层叠而成。它的铁电极化值约为 6 μC/cm^2，来源于沿 c 轴方向的极化非中心对称，其原因是源于 Y 的反常配位和层状的 MnO_5 三角结构的倾斜。属于此类机制的多铁材料还有 $LuFeO_4$、$BaNiF_4$、$Ca_3Mn_2O_7$ 等。

（3）电荷有序型多铁。对这类材料而言，电荷有序态的存在破坏了空间反演对称性，从而实现铁电性与磁性的共存，包括 Fe_3O_4、$LuFe_2O_4$、$RE_{1-x}Ca_xMnO_3$ 等。如在 Fe_3O_4、$LuFe_2O_4$ 中，其铁电序来自 Fe^{2+} 和 Fe^{3+} 离子的长程有序排列。经过近 10 年的发展，$LuFe_2O_4$ 中的铁电性仍然是个争议性问题，电荷有序型多铁材料的研究还需要进一步发展和关注。

（4）磁致多铁材料。磁致多铁材料被 Khomskii 单独列为一种多铁材料，可能目前是多铁领域最为"迷人"的系列。在这类多铁材料中，磁有序诱导晶格畸变，造成中心对称性破缺，导致自发极化的产生，因而具有大的磁电耦合系数。2003 年，人们发现 $TbMnO_3$ 的非线性螺旋磁结构可以诱导铁电极化，属于此类多铁材料还有 $TbMn_2O_5$、$CoCr_2O_4$、$CuFeO_2$ 等。关于诱导机制的理论研究主要包括加津良（Katsura）等人提出的自旋流机制（KNB 理论）及达戈托（Dagotto）等提出的 DM 相互作用，其最大的不同在于极化成分的讨论，KNB 理论认为极化来自电子极化，而 DM 作用则强调离子位移。实际的材料中则同时包含两种极化成分，主次不同，向红军等人提出的统一极化模型包含了离子位移贡献和纯电子贡献，并证明了 KNB 模型为一般性自旋流模型的特例。2007 年，Dagotto 等预言 $HoMnO_3$ 等具有 E 型反铁磁结构的材料可以通过交换收缩机制获得多铁性，随后被实验证实。无独有偶，2008 年崔（Choi）等同样在 Ca_3CoMnO_6 材料中也发现了由共线磁结构诱导的铁电性。重稀土锰氧化物的 E 型磁结构及多铁行为被广泛研究，包括 E 型反铁磁结构的转变机理、多铁诱导机制、多铁行为分析等。

稀土钙钛矿材料在多铁材料中的发展离不开丰富的组成和晶体结构的可调变特性。实际上，多铁材料的产生机制并不唯一，多种自由度之间的耦合为多铁材料的设计及调控带来了更加丰富的物理内涵。目前，多铁材料的发现和研究还处在初步阶段，距离实际应用还有很长的路要走，如 $BiFeO_3$ 磁电耦合弱，$YMnO_3$ 和 $TbMnO_3$ 的电极化小且无法室温应用等问题尚未解决。利用界面工程、应变工程等手段设计多铁材料薄膜、异质结、超晶格，晶格界面处由于应变的存在而呈现出新的耦合特性，能够为稀土钙钛矿型氧化物磁、电性能的调控、多种多铁机制互补利用提供有效途径。

1.5 常见的磁性物理简介

1.5.1 晶体场理论

晶体场理论是研究过渡族元素化学键的理论，广泛应用于物理、化学、激光光谱学以及磁性等研究中。在晶体场理论中，中心阳离子处于阴离子的包围当中，近似认为彼此之间的电子波函数不相重叠，其本质是库仑静电相互作用。因此，组成晶体的离子被分为两部分：基本部分是中心离子，受到配位离子的作用，将其磁性壳层中的电子进行量子化处理；非基本部分的周围配位离子看作静电场的作用处理，这种由配位离子所产生的静电场称为晶体场。

晶体场效应主要由两部分组成[7]：①离子轨道在晶体场的直接作用下，发生能级劈裂，使得电子轨道简并消除，导致中心离子的轨道角动量的取向处于被冻结的状态；②通过轨道与自旋耦合来实现晶体场对磁性离子自旋角动量的间接作用。由于中心离子受到晶体场和自旋轨道耦合的作用导致中心离子出现磁各向异性。过渡族金属的 5 个 d 轨道，在四面体和八面体的晶体场作用下分裂，如图 1.1 所示。在常见的八面体场中，d 轨道被劈裂成两个简并的 e_{2g} 轨道和 3 个简并的 t_{2g} 轨道。e_g 轨道方向分布正对着近邻中心离子，受到库仑作用更强，而 t_{2g} 的 3 个轨道分布指向 2 个近邻离子的间隙区域，没有正面正对，受到的库仑作用相对较弱。因此，e_g 轨道能量比 t_{2g} 轨道能量高。而四面体晶体场的情况与八面体晶体场的情况相反，这里不再赘述。

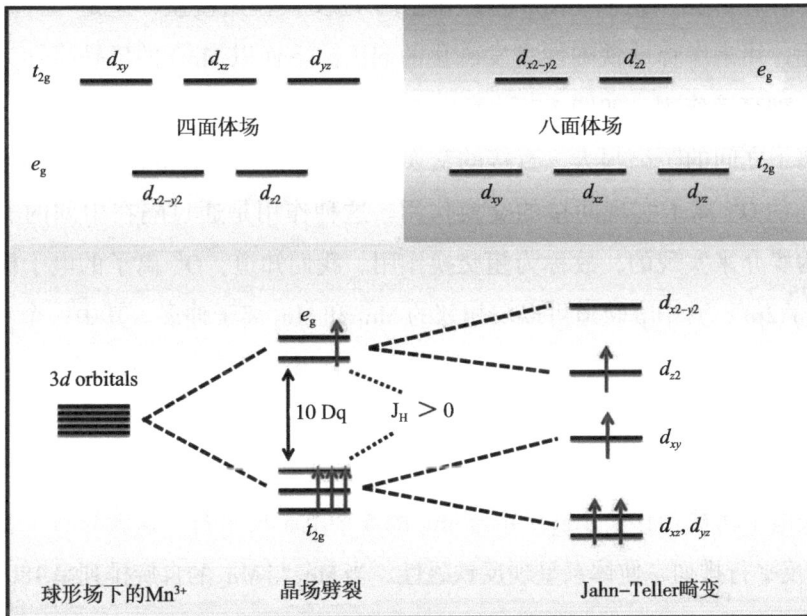

图 1.1 3d 轨道在四面体和八面体晶体场下的劈裂轨道以及 Mn^{3+} 离子 Jahn-Teller 畸变示意图

在 d 轨道能级分裂后，d 电子的填充还要满足能量最低原理和洪特规则，电子必须是先填充低能级轨道再填充高能级轨道，尽可能自旋平行分占不同的轨道，以保证总能量最低。因而，轨道劈裂最终取决于分裂能（Δ）和电子成对能（P）的相对大小。高能的 d 轨道与低能的 d 轨道能量之差称为分裂能，如

八面体场中 e_g 和 t_{2g} 的能量差。迫使原来平行的分占两个轨道的电子占据同一轨道所需的能量称为成对能。这样金属离子的 d 电子排布将有两种情况：高自旋态排布和低自旋态排布，这与分裂能和成对能的大小有关。如果 $\Delta < P$，d 电子更易自旋平行地分占不同的 d 轨道，称为高自旋；若 $\Delta > P$，d 电子易在同一轨道上自旋反平行排列，称为低自旋。特别地，当电子在简并轨道中不对称占据时，出现电子填充轨道的相互竞争，导致晶体的几何结构发生畸变，从而降低分子的对称性和轨道简并度，使体系的能量进一步降低，这一现象称为扬 – 泰勒（Jahn-Teller）效应[8]。

1.5.2 超交换作用与双交换作用

1934 年，克拉默斯（Kramers）提出了超交换作用模型，这是一种间接交换作用，用来解释反铁磁性自发磁化的起因。下面以 MnO 的反铁磁性为例来说明这种交换作用。如图 1.2 所示，在 MnO 中，由于 Mn 离子之间存在 O^{2-} 离子，离子之间的距离很大，直接的交换作用很弱。但是，Mn 离子之间可以通过中间的 O^{2-} 离子实现间接的交换作用。这种作用是通过隔在中间的非磁性离子为媒介来实现的，故称为超交换作用。我们知道，O^{2-} 离子的电子构型为 $(1s)^2(2s)^2(2p)^6$，其中 p 轨道可以向相邻的 Mn_1 和 Mn_2 离子伸展。其中一个 p 电子可以转移到 Mn_1 的 3d 轨道上，而 Mn_1 的 3d 轨道已经有 5 个半满电子，因此，根据洪特规则，O 的 p 电子只能与 Mn_1 的 5 个电子自旋反平行。同时，由于 O 的 p 轨道上剩余的电子必定与转移出去的电子呈反平行排列，故根据同样道理，该剩余电子将被转移给 Mn_2，并与 Mn_2 的 5 个电子反平行。这就导致了 Mn_1 与 Mn_2 的反平行排列，使体系呈现反铁磁性。当 Mn_1 与 Mn_2 的自旋排列呈 180° 时，

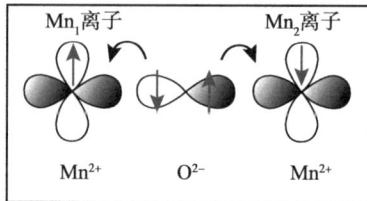

图 1.2 超交换作用模型示意图

这种超交换作用最强，随着两者之间角度的变小，超交换作用减弱。

1951 年，策纳（Zener）最先提出了双交换作用模型[9]，用来解释反铁磁绝缘体到铁磁金属的转变问题。在反铁磁绝缘体 LaMnO$_3$ 中，所有的锰离子都是 +3 价的，具有 4 个价电子，其中有 3 个处于 t_{2g} 的局域态，表现为自旋 S=3/2 的局域磁矩形式，另一个处于 e_g 轨道，表现为自旋 S=1/2 的巡游电子。由于 t_{2g} 与 e_g 电子之间很强的 Hund 耦合作用使得相同格点上 4 个电子的自旋取向都是相同的，这种强烈的 Hund 耦合作用和电子之间较强的库仑排斥作用抑制了 e_g 轨道上的电子在 Mn^{3+} 之间的迁移，因此 LaMnO$_3$ 呈现出绝缘体行为。当用二价金属离子替代 LaMnO$_3$ 中部分 La 后，体系出现了 Mn^{4+}，呈现出 Mn^{3+} 与 Mn^{4+} 的混合价态。Mn^{4+} 离子的 3d 轨道中只有 3 个电子，处于 t_{2g} 的局域自旋态，而其 e_g 轨道是空的，就可能出现 O 离子 2p 轨道上的电子跳跃到相邻的 Mn^{4+} 离子的 e_g 轨道上，与此同时，相邻的 Mn^{3+} 离子的 e_g 电子跳跃到 O2p 轨道上，这两个过程同时发生，并且发生转移的电子的自旋取向是相同的，即 Mn^{3+} 与 Mn^{4+} 的自旋取向一致，体系呈现铁磁性。同时，通过 e_g 电子的两次跳跃使体系表现出金属行为。这种双交换相互作用的物理图像如图 1.3 所示。

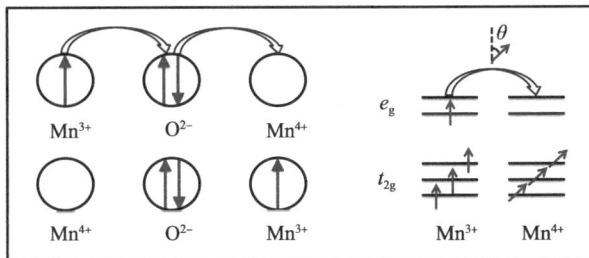

图 1.3　双交换作用模型示意图

之后，安德森（Anderson）[10]和吉耶·德热纳（Gennes）[11]等人又进一步丰富了这种交换作用，提出在强 Hund 耦合情况下，Mn^{3+} 的 e_g 电子通过 O 的 2p 轨道跃迁到相邻的 Mn^{4+} 离子的 e_g 空轨道的有效概率 t_{ij} 与相邻 Mn 离子之间自旋的取向 θ_{ij} 有关，如式（1.2）所示，其中，t^0 表示电子跃迁概率：

$$t_{ij} = t^0 \cos\left(\frac{\theta_{ij}}{2}\right) \qquad (1.2)$$

可以看出，当相邻格点的局域自旋彼此平行时，t_{ij} 最大，反平行时，t_{ij} 最小。

1.5.3 电荷－自旋－轨道有序

电荷有序指的是具有不同氧化态的金属离子在晶格中的有序排列，是在混合价态的化合物体系中普遍存在的一种现象。实际上，电荷有序是一种比较特殊的电子局域化形式，即实空间有序的局域化，由于这种局域化，使得具有电荷有序的体系一般表现为具有带隙的绝缘体。典型的存在电荷有序的例子是 Fe_3O_4，在这种尖晶石结构的化合物中，当温度低于 Verwey 转变温度（120 K）时，Fe^{2+} 和 Fe^{3+} 分别占据空间的一个格点位置，形成电荷有序分布[12]。在掺杂的钙钛矿结构的锰氧化物中，由于某些相互作用，如电子－声子强耦合，价电子的位间库仑排斥作用等，会导致电荷有序现象的发生。通常，在电荷有序相变发生时，材料的性质如电阻、磁化率、比热、超声等都会发生非常大的变化，并且电荷有序态对许多影响因素都很敏感，比如掺杂、外加磁场电场、X 射线等都可能会破坏电荷有序态。

自旋有序指的是电子的自旋磁矩在某些相互作用下的长程有序排列，这种有序排列会使体系呈现出各种磁有序相。一般常见的自旋有序排列形式有铁磁（FM）、A 型反铁磁（面内铁磁，面间反铁磁）、C 型反铁磁（面内反铁磁，面间铁磁）、G 型反铁磁（面间和面内均呈反铁磁排列），以及 CE 型反铁磁（自旋在 c 方向上呈反铁磁排列，在 ab 面内形成"之"字形铁磁链，链间成反铁磁耦合）等，如图 1.4 所示。通常在稀土氧化物中，产生自旋长程序的直接原因

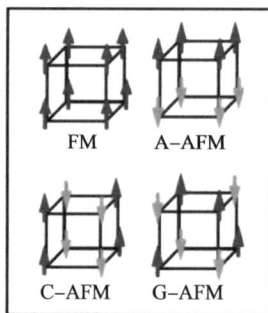

图 1.4 不同磁性物质中自旋排布示意图

包括超交换作用和双交换作用，发生在同价态离子自旋间的超交换作用一般导致体系出现反铁磁耦合，发生在不同价态离子之间的双交换作用一般使体系出现铁磁耦合。自旋有序会受到 Jahn–Teller 效应以及电荷有序等因素的影响，一般情况下，不同类型的电荷有序结构在很大程度上决定了基态的自旋有序形式。

　　伴随着电荷有序和磁有序，还可能存在轨道自由度的有序化。轨道有序的概念最初是由古迪纳夫（Goodenough）提出的[13]，并应用其成功地解释了掺杂锰氧化物中的磁有序现象。但是实验上一直未能直接探测到轨道有序现象，直到 1998 年，村上（Murakami）等人通过共振 X 射线散射技术直接观察到了轨道有序结构[14]，如图 1.5 所示，使得轨道有序现象受到了极大重视，并由此揭开了轨道物理学的研究序幕。轨道的形状与电子的杂化和交换作用是密切相关的，因此轨道有序的发生通常会伴随着晶格的协同畸变，进而导致系统的电子态发生变化。

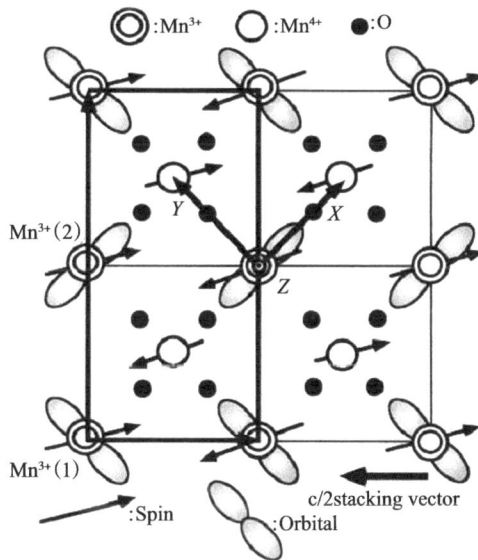

图 1.5　层状钙钛矿锰氧化物 $La_{0.5}Sr_{1.5}MnO_4$ 中电荷、自旋以及轨道有序的示意图

1.5.4　金属 – 绝缘体转变

　　由电子的关联效应所导致的金属 – 绝缘体转变，一直是强关联电子体系的

中心研究课题。这种与电子之间的关联效应紧密相关的金属－绝缘体转变通常被称为 Mott 转变。近年来，由于高温超导体的发现使得这种金属－绝缘体转变受到了人们的极大关注。今田（Imada）等[15]人将这种 Mott 金属－绝缘体转变又扩展为两种类型，分别称之为带宽控制型和填充控制型的 MIT。值得注意的是，这两种转变都是因为量子涨落而不是由于温度的变化所引起的，都属于量子相变过程。其中，带宽控制的 MIT 即为传统意义上所指的 Mott 转变[16]，它是建立在能带理论的基础上的。应用能带理论能够成功地说明金属、绝缘体和半导体的区别：在温度趋于绝对零度时，当有能带未被完全填满时，可以存在大量自由移动的电子，则该材料为导体；而当一部分能带完全填满，另一部分能带完全空着的时候，材料即为绝缘体或半导体，满带和空带之间的能量间隙被称为禁带。当外界条件（如磁场、压力或化学掺杂）发生改变时，晶体的晶胞参数或结构会发生变化，进而引起各能带相对位置的变化。这种变化可能导致导体中重叠的能带分开，出现禁带，变为绝缘体；或者，使绝缘体或半导体中的满带和空带发生交叠，禁带消失，变成导体。通常，在实验研究中，这种带宽控制的 MIT 主要是控制用于形成传导电子带的邻近原子轨道的波函数重叠来实现的。这可以通过施加外加压力或用具有相同价态不同离子半径的元素进行替代来实现。

1.6　计算材料学简介

随着计算机的普及以及计算容量、速度等性能的快速发展，计算机模拟作为材料科学研究的重要手段日益受到人们的广泛关注。在物理、化学化工、生命科学、材料科学等许多领域中，计算机模拟发挥着越来越重要的作用，并被应用于学术研究中，已取得了丰硕的成果。计算机模拟一方面能够揭示材料中各种现象的细节和微观机理，从而指导实验研究，提高实验效率，并根据要求设计新材料；另一方面，它还可以模拟实验中无法实现或难以进行观测的极端条件（如高温高压、强粒子流的辐照等），有助于了解材料在特定条件下的行为。计算材料学的发展不仅取决于高性能计算机的开发和应用，而且也取决于计算方法的不断更新和完善。

目前，关于材料计算与设计的理论和方法很多，主要是基于密度泛函理论的第一性原理方法、分子动力学、有限元法等。其中，第一性原理方法是一类应用广泛而且可靠的计算方法，它主要是对材料的能带结构进行从头计算。所谓第一性原理指的是原则上不使用实验数据，只借助于一些基本常量（如材料的原子组成和其晶体结构）和某些合理的近似，应用量子力学理论，对固体材料（包括体材料、表面及界面材料、纳米体系等）的微观或宏观物理性质进行定量计算的材料模拟方法。这种方法通常可以计算出这些材料的电子结构、力学稳定性、热学稳定性、光学性质、磁学性质等。近年来，第一性原理计算在预测材料的组分、材料的设计与合成等诸多方面都取得了突破性的进展，已成为当今材料模拟中较准确、较快速和较便宜的方法。

1.7　稀土材料理论计算

20 世纪量子化学学科的建立为物质的认识带来了新的方法和角度，也在一定程度上弥补了实验化学的不足。稀土元素的认识与应用和理论计算的发展相辅相成。利用理论计算方法可以对稀土元素及其化合物进行原子水平的设计和模拟，可以实现极端条件下的模拟预测，减少"试错式"实验进程，帮助人们更好地利用稀土元素。同时，得益于稀土产品所带来的计算机技术飞速发展，理论计算在化学领域的应用也愈发重要起来。不可否认，镧系稀土元素仍是理论计算领域难啃的"硬骨头"，原因如下。

（1）镧系元素位于元素周期表的第五周期，相对论效应明显，价电子的行为受到影响。电子质量随速度的相对论性增加产生直接相对论效应，使低角动量轨道收缩，增加了它们的结合能。间接相对论效应使高角动量的价轨道由于芯轨道的相对论收缩而被更有效地屏蔽。稀土元素的 4f 轨道的相对论性失稳导致它们在化学上相似，主要形成 +3 价的离子化合物。

（2）4f 轨道电子具有电子相关特性，这包括电子自旋平行之间的交换作用、反平行之间的关联作用和由于（近似）简并引起的静态相关作用。电子相关能在计算物理化学性质时（活化能、反应热、自旋相关性质）非常重要，对电子相关作用进行精确描述可以有效地接近或重现实验事实，并在此基础上进一步进行扩展预测，是实现凝聚态体系理论计算的关键。

（3）未满壳层的 4f 组态可能产生电子多重态结构，与 5d、6s 能量也呈现近似简并性质，严格处理 4f 轨道较为困难。由于原子轨道高角动量导致复杂化学键的出现，使成键特性的理论描述变得困难，不同晶格环境下有时需要进行差异化处理。稀土特殊的电子排布尤其 4f 轨道性质是丰富功能特性的来源。如何更加准确地描述稀土电子能级结构是稀土理论计算的基本科学问题。

20 世纪 80 年代以来，稀土元素的理论计算基于多种理论框架发展起来。基于波函数方法，小笠原（Ogasawara）等提出了相对论多电子离散变分（DVME）方法，但这种方法会低估电子相关效应，得到的能量值偏高。巴兰迪亚兰（Barandiarán）等发展的嵌入簇模型的多组态从头算方法是目前稀土发光材料计算中较为先进的，针对电子相关效应发展了多种修正方法，应用较多。波函数方法对于处理激发态体系较为适用。密度泛函理论（DFT）中基于投影缀加平面波方法的 LDA 型赝势、GGA 型赝势（包含多种交换关联泛函形式）、APW 全电子赝势目前在经典周期性凝聚态固体体系中应用较多，针对稀土不同价态、相对论效应处理等发展了不同的赝势形式，适用于小体系计算，将在下章细述。密度泛函理论中的赝势方法将相对论效应参数化处理，可以高效地模拟含镧系元素材料体系，对于凝聚态体系，需要使用较大的平面波基组去模拟芯电子。适用于小体系模拟（小于 100 个原子）的典型赝势有：多尔格（Dolg）等构造的小核赝势和 f– 核内赝势；昆达里（Cundari）等提出的 46 核电子赝势；罗斯（Ross）等开发的 54 核电子模守恒赝势。理论上，基于平面波和赝势方法可以对大体系镧系凝聚态体系进行模拟。戈德克尔（Goedecker）、特特（Teter）、胡特（Hutter）提出的双空间高斯型赝势（GTH），在混合型高斯平面波程序中使用可以有效地进行 AIMD 模拟。然而，GTH 赝势最初并未包括镧系元素，f 态被包含在势拟合过程，去掉了变分灵活性。这对处理多氧化态问题的模拟结果有较大影响，因为电荷转移过程涉及了 f 轨道电子结构的改变。清华大学李隽课题组公布了一组新的 GTH 赝势（LnPP1 GTH）和对应基组，从 La

到 Gd 使用大核赝势，而从 Tb 到 Lu 使用中核赝势，以服务于大规模密度泛函理论计算和从头算分子动力学模拟中气态 / 凝聚态含镧系元素分子 / 固态材料的计算。同时，他们给出了镧系元素的 Hubbard U 值来适当处理 4f 轨道强的在位库仑作用。LnPP1 GTH 赝势在处理各种分子和固态基准（包括结构、电子和热力学量）中与全电子计算结果相当。

目前针对稀土元素的精确理论计算主要在限定体系中进行，例如经典价态体系、原子、离子等。对于复杂体系，如变价、激发态模拟，理论计算的效果还不尽如人意。在大体系计算中，精度与效率的平衡也仍在探索之中，这吸引着理论工作者们付出更多的努力。

1.8 本书的写作思路

稀土功能材料确实因其丰富多彩的物理性质，如发光特性、磁电耦合、多铁性等，在实验和理论上，都得到了广泛的研究。在过去几十年中，人们已经对这些性质进行了大量探索，并提出了解释这些性质的微观物理机制，极大地促进了材料的发展。随着现代社会计算机计算性能的飞速提高以及完善的能带理论的建立，计算机模拟已成为理论工作不可或缺的工具。基于计算机模拟的理论研究和材料设计已经成为材料科学、生命科学以及纳米高科技发展的基础之一，是与实验研究和探索、设计新材料相辅相成的重要研究手段。

本书采用基于密度泛函理论的第一性原理计算方法，对几种稀土功能材料的微观能带结构、电子结构、磁结构以及宏观光、电、磁特性等进行了系统的理论研究。先后计算了以稀土作为发光中心的 $LaBaGa_3O_7$：Nd 激光材料，铁电性和铁磁性可调的 La_2CoMnO_6/R_2CoMnO_6（R=Ce、Pr、Nd、Pm、Sm、Gd、Tb、Dy、Ho、Er、Tm）近室温多铁材料，负热膨胀材料 $LaCu_3Fe_4O_{12}$，以及发光材料 Lu_2O_3：Ln（Ln=Nd、Sm、Eu、Gd、Tb、Dy、Ho、Er、Tm、Yb）4 种稀土功能材料。通过这些计算，揭示了稀土 4f 5d 电子对宏观物理性能的微观机理，并根据微观电子结构与宏观物理特性的关系提出了相应的理论预测。

第 2 章

理论背景与计算方法

2.1 密度泛函理论简述

量子力学[17]是 20 世纪的伟大发现之一，是主要研究原子、分子、凝聚态物质，以及原子核和基本粒子的结构与性质的理论，在物理、化学等许多学科领域和近代技术中都得到了广泛的应用。量子力学与相对论一起被认为是现代物理学的两大基本支柱。

密度泛函理论是一种用于研究多电子体系电子结构的量子力学方法。它主要用于处理非均匀相互作用的多粒子体系，特别是用来研究凝聚态物质和分子的性质。目前，密度泛函理论已经在凝聚态物理、计算材料科学和计算量子化学等诸多领域获得了巨大成功并且得到了广泛的应用，已经成为许多领域中电子结构计算的领先方法。

对物质的物理和化学性质的微观描述是个复杂的问题。通常，我们处理的是可能受外场影响的具有相互作用的原子集合体，这些粒子的聚集形式可以是气态（分子和团簇）或凝聚态形式（固体、表面等）。它们可以以固态、液态或无定形态、均匀态等形式存在。然而，在所有这些状态中，我们能够通过库仑（静电）相互作用的大量的原子核和电子来清楚地描述系统。形式上，可以将描述一个系统的哈密顿（Hamiltonian）量写成如式（2.1）的一般形式。哈密顿算符 $\hat{H}$ 描述了一个多电子体系的总能量。

$$\hat{H} = -\sum_{I=1}^{P} \frac{\hbar^2}{2M_I} \nabla_I^2 + \frac{e^2}{2} \sum_{I=1}^{P} \sum_{J \neq I}^{P} \frac{Z_I Z_J}{|R_I - R_J|} - \sum_{i=1}^{N} \frac{\hbar^2}{2m} \nabla_i^2 + \frac{e^2}{2} \sum_{i=1}^{N} \sum_{j \neq i}^{N} \frac{1}{|r_i - r_j|} - e^2 \sum_{I=1}^{P} \sum_{i=1}^{N} \frac{Z_I}{|R_I - r_i|}$$

（2.1）

式（2.1）中：$R=\{R_I\}$，$I=1$，$\cdots$，P，表示所有原子核坐标的集合；$r=\{r_i\}$，$i=$ $1,\cdots,N$，表示 N 个电子坐标的集合；Z_I 和 M_I 分别表示第 I 个原子核的电荷和质量，m 表示电子的质量。因为电子是费米子，所以总的波函数必须是反对称的，即当任意两个电子交换坐标时，波函数的符号需要改变。不同的原子核种类是可以辨识的，而相同种类的原子核也可以根据核自旋而遵循具体的统计学规律。对于半整数的核自旋（如 H，^{3}He）它们是费米子；对于整数的核自旋值（如 D，^{4}He，H_2），它们是玻色子。通过求解多体薛定谔方程，可以得到体系所有的性质：

$$\hat{H}\Psi_i(r, R)=E_i\Psi_i(r, R)$$

（2.2）

这里，E_i 是能量的本征值，$\Psi_i(r, R)$ 是相对应的本征态或波函数。

密度泛函理论以量子力学的方法为理论依据，构建在霍亨贝格 – 科恩（Hohenberg–Kohn）定理的基础上，用于物理和化学领域研究多体系统（如原子、分子、凝聚态等）的电子结构。与传统量子化学方法不同，后者通常通过构造多电子体系的波函数，以分子轨道理论为基础。密度泛函理论的主要目标是用电子密度取代波函数作为研究的基本量。通过科恩 – 沙姆（Kohn–Sham）自洽迭代方法，可以得到体系的基态，这一基态由电子密度决定。这样的近似求解电子密度的方法减少了自由变量的数量，从而提高了计算的收敛速度效率。

2.1.1 基本近似

第一性原理计算的基本近似有 3 个，即非相对论假设、Born–Oppenheimer（BO）近似和单电子近似。

薛定谔方程的基本表达式为

$$[-\frac{\hbar^2}{2m}\nabla^2 + V]\Psi(r, R) = E\Psi(r, R)$$

（2.3）

这里，$\Psi(r, R)$ 是描述体系状态的波函数，E 是能量本征值，余下部分为

体系哈密顿算符 $\hat{H}$，包含动能项和势能项两部分。相对论认为电子的质量是速度的函数而不是一个常数，而非相对论则认为电子的质量是一定的，即静止质量。在第一性原理计算中，通常采用的是非相对论近似，即将电子的静止质量代入薛定谔方程求解，这种近似忽略了相对论效应。因此，当提到"相对论假设"时，实际上在第一性原理计算中常用的是非相对论近似，而不是考虑电子质量随速度变化的相对论质量。

求解式（2.3）的核心之一在于 $\hat{H}$ 的书写，特别是对于多粒子体系，其内包含了原子核和电子的各种运动以及它们之间的相互作用。完整书写体系的哈密顿量是非常困难的。玻恩（Born）和奥本海默（Oppenheimer）于 1927 年提出了这样一个量子假设（BO 近似）：将原子核和电子的运动分开处理，描述原子核运动时，将其视作在由快速运动的电子组成的平均电场内运动，描述电子运动时则假设原子核的框架是不变的。这是因为原子核的质量比电子质量要大得多（约 1836 倍），电子围绕原子核做高速运动，而原子核只是在格点位置（平衡位置）附近做热振动，因而产生了很大的速度差异。在此情况下，体系的哈密顿量写为

$$\hat{H} = \hat{T}_e + \hat{T}_N + \hat{V}_{Ne} + \hat{V}_{ee} + \hat{V}_{NN}$$

$$= -\frac{1}{2} \sum_a^{electrons} \nabla_a^2 - \frac{1}{2} \sum_A^{nuclei} \frac{1}{(M_A / m_e)} \nabla_A^2 - \sum_A^{nuclei} \sum_a^{electrons} \frac{Z_A}{r_{Aa}} \qquad (2.4)$$

$$+ \sum_{a>b}^{electrons} \sum_b^{electrons} \frac{1}{r_{ab}} + \sum_{A>B}^{nuclei} \sum_B^{nuclei} \frac{Z_A Z_B}{r_{AB}}$$

这里，哈密顿量被拆解为电子动能 $\hat{T}_e$、原子核动能 $\hat{T}_N$、电子–原子核之间的相互作用势能 $\hat{V}_{eN}$、电子间相互作用势能 $\hat{V}_{ee}$ 以及原子核间相互作用势能 $\hat{V}_{NN}$ 部分。通过分离变量处理可以将核运动和电子运动分开求解。在 BO 近似下，电子的运动被描述为在特定排列的原子核所产生的静电势下对电子运动方程的求解，这也是量子化学的基本目标之一。核运动方程在某些情况下需要严格求解，例如在电子散射过程中的振动问题、冷原子碰撞反应等。有时，原子核的运动方程也可由牛顿方程替代，这构成了分子力学 / 分子动力学的理论基础。

BO 近似忽略了原子核与电子之间的相关作用，大大简化了薛定谔方程的求解过程。但实际体系中，电子数目众多（N），而电子波函数又是一个多变量（n 维）函数，整个体系的求解维度大大增加，在目前的计算水平上难以实现，这种情况使得薛定谔方程在多体问题中难以进一步求解。1930 年，哈特里（Hartree）和福克（Fock）提出了一个解决方案：在 BO 近似的基础上，假设不考虑电子与电子之间的相关作用，将每个电子的运动视为在给定平均势场中的行为，这个平均势场由系统中的原子核提供的库仑势场和其他 $N–1$ 个电子在该电子位置产生的势场叠加贡献。这样，多电子问题简化为单电子问题，体系电子波函数写为单电子波函数 $\varphi_i(r_i)$ 的乘积，即

$$\Psi(r) = \varphi_1(r_1)\varphi_2(r_2)\varphi_3(r_3)\cdots\varphi_N(r_N) \tag{2.5}$$

式（2.5）被称为 Hartree 波函数。进而，多电子体系的薛定谔方程简化为

$$\sum_i H_i \Psi(r) = E\Psi(r) \tag{2.6}$$

其中，$\hat{H}$ 是哈密顿算符，$\Psi(r)$ 是波函数，E 是能量。

假定 $\phi_i(r_i)$ 是正交归一化的，即

$$\langle \varphi_i | \varphi_j \rangle = \delta_{ij} \tag{2.7}$$

利用式（2.7）对式（2.6）进行分离变量和变分处理就得到了单电子运动方程，以描述某处电子在晶格势场和其他所有电子构成的平均势场中的运动。虽然 Hartree 波函数的构建为多体问题的解决提供了可能，且定义的电子量子态满足泡利不相容原理，但是还没有体现出电子交换的反对称性。为此，Fock 引入了 Slater 行列式对体系波函数进行描述，其具体形式如下：

$$\Psi(r) = \frac{1}{\sqrt{N!}} \begin{vmatrix} \varphi_1(q_1) & \varphi_2(q_1) & \cdots & \varphi_N(q_1) \\ \varphi_1(q_2) & \varphi_2(q_2) & \cdots & \varphi_N(q_2) \\ \vdots & \vdots & & \vdots \\ \varphi_1(q_N) & \varphi_2(q_N) & \cdots & \varphi_N(q_N) \end{vmatrix} \tag{2.8}$$

其中，q_N 包含了电子坐标 r_N 和自旋自由度；行列式前的因子是为了满足归

一化需要。在式（2.8）中任意交换两个电子，行列式改变符号；若两个电子坐标相同，则行列式为 0。这样就在体系波函数中实现了电子交换反对称性的表达，称之为 Hartree-Fock 近似，也即单电子近似。这里也要假定 $\varphi_i(q_i)$ 是正交归一化的，将式（2.8）代入式（2.3），同样通过分离变量和变分处理，多体系薛定谔方程转变为单电子 Hartree-Fock 方程：

$$
\begin{aligned}
& [-\nabla^2 + V(\boldsymbol{r})]\varphi_i(\boldsymbol{r}) + \sum_{i'(\neq i)} \int \mathrm{d}\boldsymbol{r}' \frac{\left|\varphi_{i'}(\boldsymbol{r}')\right|}{|\boldsymbol{r} - \boldsymbol{r}'|}\varphi_i(\boldsymbol{r}) \\
& - \sum_{i'(\neq i),S_\parallel} \int \mathrm{d}\boldsymbol{r}' \frac{\varphi_{i'}^*(\boldsymbol{r}')\varphi_{i'}(\boldsymbol{r}')}{|\boldsymbol{r} - \boldsymbol{r}'|}\varphi_{i'}(\boldsymbol{r}) = E_i\varphi_i(\boldsymbol{r})
\end{aligned}
\tag{2.9}
$$

式（2.9）是不考虑自旋 – 轨道的相互作用的方程表达，即 $\varphi_i(q_i)$ 用 $\varphi_i(r_i)$ 替代。

Hartree-Fock 近似成功地将多体问题转化为多个单电子方程进行求解，对量子化学的发展具有重大意义。由此衍生的分子轨道法、组态相互作用、耦合簇方法等方法对于处理原子 / 分子体系或原子数较少的系统能给出相当好的结果。对于固体体系而言，由于电子 – 电子关联作用的凸显，Hartree-Fock 处理方法的精度则要稍差一些，需要进一步修正，这催生了密度泛函理论的发展。实际上，Hartree-Fock 近似包含了同自旋电子之间的关联作用，单独命名为交换相互作用；未包含的是自旋反平行电子之间的排斥作用，即电子关联能。一般来说，电子关联能是指精确的基态能量与 Hartree-Fock 能量之差。

2.1.2　基组处理

基组的定义和发展是从头算的基础。基组的概念最早来源于原子轨道，是指用于描述体系波函数的、具有一定性质的基函数集合。在 DFT 方法中，基组的选择基于分子轨道理论，单电子波函数用原子轨道波函数的组合来表示。因此，Hartree-Fock 和 Kohn-Sham 方程的求解过程就转化为获得指定基组 $\left\{\phi_p^i\right\}$ 下描述单电子波函数所需的组合系数，其数学表达式为

$$\psi_i(\boldsymbol{r}) = \sum_{p=1}^{P} c_p^i \phi_p^i \tag{2.10}$$

这里，P 代表基函数的维数，理论上应该是无穷的，构成无限空间；$\left\{\phi_p^i\right\}$ 是基函数集合，需要满足正交归一性和完备性，c_p 是线性组合的系数。将式（2.10）代入薛定谔方程，可以将问题转化为矩阵方程组，包含单电子基态哈密顿矩阵和重叠矩阵。通过对角化处理，可以获得基组中 P 个特征函数的特征值和组合系数，从而实现单电子波函数的求解。一般来说，量子化学的计算精度正相关于基组的规模（P），若 P 趋近于无穷大，则计算结果也就逼近于真实的物理状态。高维数基组带来的负面影响是计算量急剧增加，目前计算水平还不能满足通过任意增加维数来提高计算精度的方案，因而在实际体系计算时需要根据具体的计算需求选择合适的基组函数，以平衡计算精度与计算效率之间的矛盾。基组处理也朝着精确物理描述与算法优化的方向进展。

基函数构成的基础为 Slater 型函数（STO）和 Gaussian 型函数（GTO）。STO 型基组是最原始的，由 Slater 建议使用，优点是具有明确的物理含义，当 $r \rightarrow 0$（或 $r \rightarrow \infty$）时具备波函数渐近行为。但在计算双电子积分时存在很大的计算难度。为了解决这个难题，博伊斯（Boys）提出用 Gauss 函数代替 Slater 函数模拟原子轨道构成 GTO 基组，加快了计算速度。同时带来的问题也是明显的，当 $r \rightarrow 0$（或 $r \rightarrow \infty$）时 GTO 不具备波函数的渐近行为，不能很好地描述电子云的性质。基于上述问题的改进，后来发展了压缩型 GTO（多个 Gauss 函数线性组合成一个 STO 轨道）、最小基组（3 个 Gauss 函数线性组合，STO-3G）等方法。另外，利用增加基组规模来提高计算精度的方法也很多，如劈裂价键基组、极化基组、弥散基组等。上述方法主要应用在分子体系计算中，而对于周期性凝聚态体系，20 世纪 40 年代开始兴起的赝势方法和全电子基组将内层电子和价层电子进行了差异化处理，对凝聚态体系理化性质的描述比较符合实际情况，同时也兼顾了计算效率，在目前的 DFT 计算中应用最为广泛。

赝势方法起源于正交平面波（OPW）方法。平面波是实空间的一种特殊函数，由此产生的平面波基组具有无偏性且数学形式非常简单。OPW 方法是能带计算的一种方法，它通过使平面波与原子内层波函数正交，构成所谓正交化平面波，以此展开晶体中的电子波函数，从而克服了平面波展开中的困难。平面波基组的波函数表达式为

$$\psi_{\boldsymbol{k}}^{n}(\boldsymbol{r}) = \sum_{\boldsymbol{K}} c_{\boldsymbol{K}}^{n,\boldsymbol{k}} \mathrm{e}^{i(\boldsymbol{k}+\boldsymbol{K})\cdot\boldsymbol{r}} \qquad (2.11)$$

与式（2.10）相比，$(n,\boldsymbol{k})$ 相当于 i，n 是能带指数，$\boldsymbol{k}$ 是格矢（波矢），$\boldsymbol{K}$ 是倒格矢，而 $(\boldsymbol{k}+\boldsymbol{K})$ 相当于 p，平面波函数基组具有正交归一性。此时，基组维数的限制通过 $\boldsymbol{K} \leq \boldsymbol{K}_{\max}$ 实现，$\boldsymbol{K}_{\max}$ 是我们定义的倒易空间原点的球半径，包含基组函数所有倒易晶格矢量。相应地，$\boldsymbol{K}_{\max}$ 对应的自由电子能量就是常说的截断能：

$$E_{\mathrm{cut}} = \frac{\hbar^2 K_{\max}^2}{2m_e} \qquad (2.12)$$

另外，周期性固体是由电子和原子核通过库仑势相互作用而形成的。近核电子受到原子核的强烈束缚，对价电子的运动影响不大，可以认为它们基本上是固定的。因此，可以选择一组"赝势"来代表特定芯半径下较强的芯势（$-Ze^2/r$）和芯电荷产生的 Hartree 势，还有价电子与芯相互作用产生的交换关联势。使用这些赝势的基函数 φ^{PS} 来模拟芯外所有价电子的波函数，可以去除价波函数中的芯态和正交性问题，从而大大地简化了计算。这就是所谓的"冻结芯近似"。在赝势构造中，比较有代表性的有 Phillips-Kleinman 赝势、模守恒赝势（NCPP）、超软赝势（US-PP）等。

尽管赝势方法非常有用，但在处理近核区域的电子信息时，如超精细场或芯能级激发等，就要稍显无力了。Slater 在他 1937 年的文章中提出了缀加平面波（APW）全势方法：在原子核附近，势能和波函数与原子中的相似，它们变化很大，但几乎是球形的。相反，在原子之间的间隙中，势能和波函数都更平滑。因此，将空间划分为不同的区域并在这些区域中使用不同的基组进行展开，在不重叠原子中心球内部（Muffin-tin 球）使用薛定谔方程的径向解，而在其余间隙区域使用平面波。其函数表达式为

$$\psi_K^k(r,E) = \begin{cases} \dfrac{1}{\sqrt{\Omega}} e^{i(k+K)\cdot r} & r \in I \\ \sum_{lm} A_{lm}^{\alpha,k+K} \mu_l^{\alpha}(r',E) Y_m^l(\hat{r}') & r \in S_{\alpha} \end{cases} \quad （2.13）$$

式中：Ω 为晶胞体积；I 表示间隙区域；S_a 表示 Muffin-tin 球区域，球内区域位置为 $r'=r-r_a$，长度为 r'，方向由 θ' 和 φ' 指定（$\hat{r}$ 表示）；$Y_m^l(\hat{r}')$ 代表球谐函数；$A_{lm}^{\alpha,k+K}$ 和 E 都是未确定函数部分；μ_l^{α} 是自由原子在能量 E 处其薛定谔方程径向部分的正则解。APW 方法的难题在于基组的能量依赖性。线性缀加平面波方法（LAPW）是在式（2.13）基础上对 Muffin-tin 球部分进行了线性化改进。其改进部分的函数形式为

$$\psi_K^k(r) = \sum_{l,m} \left[A_{lm}^{\alpha,k+K} \mu_l^{\alpha}(r',E_{1,l}^{\alpha}) + B_{lm}^{\alpha,k+K} \dot{\mu}_l^{\alpha}(r',E_{1,l}^{\alpha}) \right] Y_m^l(\hat{r}') \quad （2.14）$$

式（2.14）中，$\dot{\mu}_l^{\alpha}$ 是指 μ_l^{α} 函数在能量 E_l 处的能量导数。这样，LAPW 方法解决了上述问题，但增加了基组的数量。为了进一步改进线性化和半芯态 – 价态在同一能量窗口的一致性处理，可以添加与 k 不相关的独立基函数，被称为局部轨道（LO）。其线性组合为在不同能量处的两个径向函数加其中一个能量下的导数，相应的函数形式为

$$\phi_{\alpha,LO}^{lm}(r) = \begin{pmatrix} A_{lm}^{\alpha,LO} \mu_l^{\alpha}(r',E_{1,l}^{\alpha}) + B_{lm}^{\alpha,LO} \dot{\mu}_l^{\alpha}(r',E_{1,l}^{\alpha}) \\ + C_{lm}^{\alpha,LO} \mu_l^{\alpha}(r',E_{2,l}^{\alpha}) \end{pmatrix} Y_m^l(\hat{r}') \quad （2.15）$$

式（2.15）中，组合系数由函数归一化和球边界条件确定，由此发展出的基组方法称为 LAPW+LO 方法。在此基础上，斯约斯特德特（Sjöstedt）、诺德斯特伦（L. Nordstöm）和辛格（Singh）于 2000 年提出了 APW+lo 方法，其基组与能量无关且具有与 APW 方法相当的基组规模，提高了计算效率。APW+lo 方法包含两种基组函数，一种形如式（2.13），但将能量固定为定值；为了解决特定能量处特征函数描述问题，嵌入另一种形如式（2.14）的函数，称之为 local orbitals（lo），定义如下：

$$\phi_{\alpha,lo}^{lm}(\boldsymbol{r}) = \begin{cases} 0 & r \notin S_\alpha \\ \left[A_{lm}^{\alpha,lo} \mu_l^\alpha(\boldsymbol{r}', E_{1,l}^\alpha) + B_{lm}^{\alpha,lo} \dot{\mu}_l^\alpha(\boldsymbol{r}', E_{1,l}^\alpha) \right] Y_m^l(\hat{r}') & r \in S_\alpha \end{cases} \tag{2.16}$$

式（2.16）中，S_α 表示原子中心球，其他组合系数的确定方法与式（2.15）中的一样。APW 和 lo 函数的特点是它们在球边界处连续，但一阶导数不连续。APW+lo 方法集合了 APW 和 LAPW+LO 的优势，是目前全电子结构计算精度较高的基组方法之一。

此外，还有一种使用更为广泛的基组方法，即投影缀加波（PAW）方法。PAW 首先由布洛赫尔（Blöchl）于 1994 年提出，并由克雷瑟（Kresse）和朱伯特（Joubert）进一步发展，他们推导出了 Vanderbilt 型超软赝势与 PAW 方法之间的正式关系。根据全电子单粒子Kohn–Sham波函数的特点（近核部分很陡峭，其他部分则很平滑），PAW 方法将全电子波函数分为三部分，其数学形式如下：

$$\psi_n(\boldsymbol{r}) = \tilde{\psi}_n(\boldsymbol{r}) + \sum_a \psi_n^a(\boldsymbol{r}) - \sum_a \tilde{\psi}_n^a(\boldsymbol{r}) \tag{2.17}$$

式（2.17）中右侧第一项为光滑赝波函数，用平面波基函数表示；第二项为中心球内的陡函数，用分波基组表示；第三项为球内函数平滑部分，用赝分波基组表示。这相当于将波函数分解为平滑函数与差异函数，根据中心球的界定进行分别处理，这个思路与赝势方法类似，但在精度处理上有很大的改善。与 US–PP 方法相比，PAW 方法在处理具有较大磁矩或电负性差别较大的体系时能够给出更合理的结果。虽然能量截断值和基组数目也会相应增加，但对于碳（C）、氮（N）、氧（O）等元素，能量截断的变化不大，因此体系的计算效率并不会显著降低。

2.2 第一性原理计算简介

物理领域的第一性原理计算是指不依赖于具体实验参数，仅需几个基本的物理常数，通过合理的近似求解量子力学薛定谔方程，进而得出体系的电子结构和能量，并且在此基础上计算其他力学、电学、磁学以及光学等性能。现阶段比较主流的第一性原理计算是以密度泛函理论为基础的。该方法以系统的电子密度 $\rho(r)$ 为基本变量，电子系统基态的能量可以写成电子密度 $\rho(r)$ 的泛函：

$$E\left[\rho(r)\right] = T_s\left[\rho(r)\right] + \frac{e^2}{2}\int\frac{\rho(r)\rho(r')}{|r-r'|}\mathrm{d}r\mathrm{d}r' + E_{xc}\left[\rho(r)\right] + \int V(r)\rho(r)\mathrm{d}r \quad （2.18）$$

式（2.18）中，右边的 4 项分别为电子的动能、库仑作用能、交换关联能以及原子核的势场 $V(r)$ 对电子的作用。为了使计算得以执行，必须指明交换关联能 E_{xc} 和原子势场 $V(r)$。

通常用局域密度近似（LDA）和广义梯度近似（GGA）来处理交换关联能。局域密度近似把均匀电子气的交换关联能泛函推广到整个体系，不考虑电子密度的空间变化。而广义梯度近似则计入了电子在空间分布的梯度，并包括 PBE、PW91 和 PBE sol 等方案。LDA 适用于各种体系基态性质的计算，但严格来讲，它只适用于电子密度变化比较缓慢的情况，还有许多不足，比如对于一些半导体材料的计算，LDA 计算的带隙通常比实验上所测得的值小，常常低估其晶胞参数。而 GGA 常高估晶体的晶胞参数，但在带隙计算上能给出更好的结果。此外，为了处理过渡族元素 d 电子和稀土元素 f 电子的强关联效应，还引入了 LDA+U 和 GGA+U 方法，考虑到了电子之间的库仑排斥能。引入了 Hubbard–U 参数来描述 d 电子或 f 电子之间的强关联作用，在一定程度上可以改善计算结果。

在第一性原理计算中，针对原子核势场 $V(r)$ 的处理主要有两种方案，根据势函数和内层电子的不同处理方法可以分为两类：一类是考虑所有电子，叫作全电子法，比如 WIEN2k 程序中的线性缀加平面波（FLAPW）方法；另一类是只考虑体系的价电子，把芯电子和原子核共同构成的离子实放在一起考虑，称为赝势法。一般全电子方法的精度要高于赝势法，但计算量要多于赝势法，并且离子所受作用力的计算相比于赝势法更为复杂。采用赝势法，将原子核运动对体系能量的贡献加入能量泛函，则可以考虑原子核运动对体系电子结构和能量的影响。通过总能量对晶胞内离子坐标求导数，可以计算出离子的 Hellmann–Feynman 力，从而为优化晶体的几何结构以及计算晶格振动提供了可能。

2.3 强关联体系的计算修正

2.3.1 问题描述及修正方法

DFT 是材料设计和计算中的一种有效手段，但基于 LDA/GGA 交换关联泛函的标准 DFT 方法针对某些含 d 或 f 电子的强关联材料体系表现得不够理想，甚至给出错误结果。这是由于 DFT 近似中存在自相互作用误差，通常会导致电子过度离域，同时导致电子能级和带隙的错误估计。目前有 3 种常用的方法可以对波函数进行修正，分别为 GW 近似、杂化泛函近似和 DFT+U 近似方法。

GW 近似是 Hartree–Fock 近似的扩展，交换势由格林函数 G 表示，再用屏蔽相互作用 W 取代了 Hartree–Fock 近似中的裸库仑相互作用。通过这两项对体系自能 $\Sigma = iGW$ 进行展开计算，交换和关联的贡献直接从自能计算得到。根据之前的研究，5 次迭代可使准粒子能量收敛到约 0.05 eV 的精度。ABINIT 和 VASP 5.2 以上版本的软件支持 GW 计算。杂化泛函近似、Hartree–Fock 近似包含非局域的完全轨道依赖的精确交换，会低估电子离域性质，部分 Hartree–Fock 精确交换的替代引入会平衡由于 LDA/GGA 近似导致的过度离域，实现电子性质描述的改进。在固体物理的实际应用中，由于 Fock 交换的非局域性，会导致平面波程序中大体系材料计算的时间损耗大大增加。此外，精确交换在某些体系中可能会降低精度，比如金属，由于费米能级带能量的非物理对数奇异性会导致虚假电荷和自旋密度。Fock 交换的混合参数是一个材料依赖性参数，在实践中通常通过拟合实验数据来经验确定。不同的实验性质可能导致 Fock 交换混合参数也不同，如晶胞参数、带隙、缺陷能级、缺陷形成能等，这增加了复杂体系 Fock 交换参数的确定难度。

Hubbard 修正泛函（DFT+U）是目前应用比较广泛的方法，其公式形式简单，计算成本适中且具有直观的物理图像。DFT+U 方法在 DFT 能量泛函中添加了一个简单的有效在位库仑作用参数（Hubbard–U）来修正自相互作用，以期改善强局域电子之间的相互作用描述，而其余的价电子则用 LDA/GGA 处理。该方法包含了标准 DFT 泛函近似的交换关联效应，同时也考虑了库仑作用和交换相互作用的轨道依赖性，适用于含 d 或 f 电子的强关联体系的性质计算。本书的研究工作正是基于这一理论框架进行，详细内容如下。

2.3.2　DFT+*U* 方法

DFT+*U* 方法借鉴于对强关联电子描述较好的 Hubbard 模型，其基本假设是，在紧束缚单粒子基组中，强关联的 d 或 f 电子会受到在位准原子相互作用的影响，作用参数 Hubbard *U* 的定义如下：

$$U = E(d^{n+1}) + E(d^{n-1}) - 2E(d^n) \tag{2.19}$$

其含义为将两个电子放置在同一位置所需要克服的库仑能。安尼西莫夫（Anisimov）等人基于此提出引入"限制性 LDA" Hubbard *U* 参数表示单粒子势与磁（轨道）序参数的关联量，加之标准 DFT 泛函中 Stoner I 参数（洪特规则交换），逐渐形成了 DFT+*U* 泛函的基本形式，并成功应用于 3d 电子描述。他们的研究表明，Mott 绝缘体中自旋依赖性由屏蔽的库仑相互作用主导，而非均匀电子气的交换相互作用主导[131, 132]。1995 年，希滕施泰因（Liechtenstein）等人提出了旋转不变的 DFT+*U* 方法：

$$E_{\text{LDA}+U}\left[\rho^{\sigma}(\boldsymbol{r}),\left\{n^{\sigma}\right\}\right] = E_{\text{LSDA}}\left[\rho^{\sigma}(\boldsymbol{r})\right] + E_U\left[\left\{n^{\sigma}\right\}\right] - E_{\text{dc}}\left[\left\{n^{\sigma}\right\}\right] \tag{2.20}$$

其中，$\left\{n^{\sigma}\right\}$ 表示密度矩阵元素，$\rho^{\sigma}(r)$ 表示电荷密度。式（2.20）等号右边中：第一项为标准的 LSDA 泛函，不考虑轨道极化；第二项基于 Hartree-Fock 平均场理论，描述电子间的交换和库仑相互作用；第三项是修正项，确保在没有轨道极化的情况下，DFT+*U* 泛函可以还原为 LSDA 泛函。修正项的表达式如下：

$$E_{\text{dc}}\left[\left\{n^{\sigma}\right\}\right] = \frac{1}{2}Un(n-1) - \frac{1}{2}J[n_{\uparrow}(n_{\uparrow}-1) + n_{\downarrow}(n_{\downarrow}-1)] \tag{2.21}$$

式（2.21）中：*U* 和 *J* 表示屏蔽库仑和交换作用参数；↑表示自旋向上；↓表示自旋向下。1998 年，杜达列夫（Dudarev）等人提出了一种更为简便的形式：

$$E_{\text{LSDA}+U} = E_{\text{LSDA}}\left[\left\{\varepsilon_i\right\}\right] + \sum_{\sigma,l,j}\left[\frac{U-J}{2}\rho_{\sigma}^{jl}\rho_{\sigma}^{lj}\right] \tag{2.22}$$

式（2.22）中：$\left\{\varepsilon_i\right\}$ 表示 Kohn-Sham 特征值，ρ_{σ}^{jl} 部分为电子密度矩阵的

元素，反映了不同轨道之间的电子分布。最后一项仍未重复计算修正，有效在位库仑参数变为单一参数（$\bar{U}-\bar{J}$）。Dudarev 等人的工作将 Anisimov 等提出的轨道依赖形式与 Liechtenstein 等人提出的旋转不变泛函联系起来，兼顾了简单性和协变性。

　　DFT+U 方法在应用中的一个关键问题是 Hubbard U 参数的选择。它描述了这些相互作用的强度，是一个经验性参数，一般通过实验结果或理论计算来估计。由于 U 值多是经验性的，没有统一的定论，随着计算体系、价态、自旋、模拟目标性能的差异，同一元素的 U 值选取也不尽相同。对于经典体系或实验数据比较丰富的体系，经验 U 值的选取方式比较实用。另外，U 值也可以通过第一性原理计算获得，这里 U 不能被视为一个经验拟合参数，而是系统的一个固有响应特性。科科奇奥尼（Cococcioni）和德·吉罗科利（de Gironcoli）基于第一性原理利用线性响应（LR）理论设计了一种约束 DFT（cDFT）方法。这种方法虽然在理论上非常简单，但在实际应用中较为复杂，因为它通常需要在超胞中进行有限差分计算，并涉及复杂的后处理步骤。季姆罗夫（Timrov）等人发展了一种利用密度泛函微扰理论（DFPT）计算 U 的新公式，这种方法避免了使用超胞和有限差分，与 LR–cDFT 等价，同时提高了计算效率和精度，并改善了 U 值的收敛性。需要注意的是，使用 DFT+U 计算需要使用与 U 计算相同的计算设置，相关讨论总结在里卡（Ricca）等人的工作中，在此不作展开论述[137]。

2.4　常用模拟软件介绍

　　密度泛函理论方法的发展，最终要体现到所用的计算程序中，为此，人们也已经开发了多种应用程序，并集成为软件，为凝聚态物理、化学以及计算材料学的科研工作者们提供了便利而丰富的程序资源，在本节中我们将介绍一些常用的软件包。

2.4.1　WIEN2k

　　WIEN2k 程序包是由维也纳工业大学的量子理论计算研究小组开发的，它是一个基于 DFT 的全电子方法计算软件，主要用于计算固体的能带结构和电子结构。WIEN2k 采用完全势的线性缀加平面波方法（LAPW）结合局域轨道（LO）的近似方法，支持包括 LDA、GGA 以及杂化密度泛函等多种交换关联泛函形式。此外，WIEN2k 能够通过 LDA+U（或 GGA+U）方法计算 Hubbard U 对体系性质的影响。该软件主要安装在基于 Linux 或 Unix 系统上，并且提供了友好的网页终端操作环境，便于用户操作。WIEN2k 因其在固体电子结构计算方面的高精度而得到了广泛应用。本书中关于电子结构和磁结构的计算主要采用 WIEN2k 软件进行。

2.4.2　Materials Studio

Materials Studio 是由美国的 Accelrys 公司[①]开发的材料模拟软件，专为材料科学领域研究者设计。它支持 Windows2000/NT/XP、Linux 及 Unix 等多种操作系统，集成了多个计算模块包括 CASTEP、DMol、COMPASS、VAMP 等，可以进行固体及表界面、晶体及其衍射、聚合物、催化剂、碳纳米管等多种材料的建模和模拟计算。在我们的工作中，主要使用了其中的 CASTEP 模块。

CASTEP 模块是由英国剑桥大学凝聚态理论研究小组开发的一套量子计算程序。该程序采用平面波赝势法，能够用来计算和预测半导体、金属以及陶瓷等多种材料的晶胞参数、电子结构、电荷密度、能带、态密度以及弹性常数等，也可以用于研究固体的表界面性质、晶体的光学性质以及非金属的热力学性质。

2.4.3　VASP

VASP 的全称为维也纳从头计算模拟包，它是基于 CASTEP 程序开发的，也是采用平面波赝势方法，进行从头算的量子力学及分子动力学模拟。VASP 主要用于具有周期性的晶体、表面、界面的计算，可以计算材料的结构参数、电子结构、光学性质、磁学性质以及分子动力学模拟等。VASP 的安装主要基于 Linux 或 Unix 系统操作平台，其计算效率高，适合大体系的计算。本书中，VASP 将被用于优化晶体的几何结构。

---

① 现为 Dassault Systèmes 旗下 BIOVIA 品牌。

第3章

应用密度泛函理论计算研究 BaLaGa₃O₇：Nd，Tb 的发光机理

无序激光晶体材料由于优异的热机械性能和相对较宽的光谱发射线而受到广泛关注。稀土镓氧化物，化学式为 ABC₃O₇（A=Ca、Sr、Ba；B=Y、La–Gd；C=Al、Ga），是这类材料中的一种，因其潜在的激光发射特性而被广泛研究[18-22]。伊斯马托夫（Ismatov）与同事首次在高温下制备出了 BaLaGa₃O₇（BLGO）多晶，之后，有研究采用提拉法制备了 BLGO 大单晶[23]。研究者们进一步研究了 BLGO 单晶的各种物理化学性能，包括折射率、弹性、压电性和介电常数等[24, 25]。实验上，三价稀土离子掺杂的无机化合物被广泛用作激光晶体。这些化合物的发光性能主要来源于稀土离子中 4f 层中电子的跃迁。单晶 BLGO 在 $1500 \sim 41\,000\ \text{cm}^{-1}$ 范围内具有透明性[26]，这使得它成为发光或激光材料的潜在基体材料。掺杂 Nd 的 BLGO（BLGO：Nd）因其发光特性成为一个引人入胜的研究课题。由于 La 和 Nd 的离子半径差别不大，并且 Nd 离子具有部分填充的 4f 轨道，易发生 4f 到 5d 的电子跃迁[18, 27, 28]。BLGO：Nd 的发光性能相比于其他稀土离子掺杂更显著[29, 30]。尽管有大量实验报道了 BLGO：Nd 的发光性能，但其发光机理在理论上尚未有定论。通常认为，在 BLGO：Nd 中，稀土离子 Nd 作为发光中心，同时材料内部的本征缺陷（如 O、Ga、La、Ba 缺陷）对发光过程也起着至关重要的作用。有实验报道假设，在 BLGO 中，当一个来自氧空位或镓中心的电子与捕获空穴结合时即可发出蓝光[30]。不过，这个假设缺乏科学依据。因此，研究 BLGO 中掺杂物和缺陷的电子结构，从理论上揭示材料的

发光机理迫在眉睫。

多年来，研究者们已经应用理论计算来解释相关材料的发光机理。2011年，穆尼奥斯 – 加西亚（Muñoz-García）和塞霍（Seijo）采用密度泛函理论计算研究了单掺杂（Ce 或 La）和共掺杂（Ce 和 La）钇铝石榴石 $Y_3Al_5O_{12}$（YAG）的原子结构和电子结构，揭示了 Ce 和 La 掺杂对 YAG 晶体结构的影响，以及 4f–5d 电子在发光中的作用[31]。屈（Qu）和同事应用第一性原理计算研究了 $CaAl_2O_4$：Eu，Nd 永久发光材料的发光机理，报道了发光中心 Eu 的 4f–5d 能级位于带隙，氧空位作为电子捕获体，Ca 空位对氧空位起辅助作用[32]。此外，文（Wen）[33] 和拉马南托阿尼纳（Ramanantoanina）[34] 也采用理论计算研究了 γ-Ca_2SiO_4：Ce^{3+} 和 $CsMgBr_3$：Eu^{2+} 荧光体的 $4f \rightarrow 5d$ 电子跃迁。然而，理论上对发光材料中 Nd^{3+} 的电子结构和 4f 轨道构型的研究相对较少。

本章我们将运用基于密度泛函理论的第一性原理计算方法研究镧系离子掺杂的 BLGO 发光特性与机理。此工作有 3 个目的：首先，揭示基体 BLGO 晶体中有无本征缺陷对发光的作用；其次，分析稀土 Nd 离子在 BLGO：Nd 电子结构中的作用以及近邻缺陷对电子结构的影响；最后，我们还计算了其他稀土离子掺杂，解释了 BLGO：Tb 和 BLGO：Eu 的发光机理，并提出了相应的理论预测。

3.1　计算方法

本工作应用了基于密度泛函理论开发出来的维也纳从头算模拟软件包（VASP）[35, 36] 来计算材料的平衡几何和缺陷形成能。在 VASP 中，价电子和离子实之间的相互作用采用凝聚芯投影缀加波法（PAW）[37]，交换相关项通过 Perdew、Burke 和 Ernzerhof（PBE）推导的广义梯度近似（GGA）处理[38]。晶体结构与原子坐标均是全部放开优化。在计算中，每一种晶体结构均采用了500 eV 的平面波截断动能，并且使用每个原子受到的 Hellman–Feynman 力 $\leqslant$0.05 eV/Å 作为判断结构优化收敛的标准。电子结构性能采用基于密度泛函理论的 WIEN2k 软件包进行进一步计算[39]。这种完全势能的线性缀加平面波（FL-LAPW）加上局域轨道（LO）的方法[40,41] 是较精确地计算材料电子结构的方法，这种方法被应用于绝缘体、半导体、金属和金属间化合物的电子结构计算，获得的能带结构与实验中的差距较小。本研究应用 WIEN2k 程序包精确地分析稀土离子 4f 电子在发光中的作用。为了更好地描述稀土 4f 电子的强关联性，我们在局域的 4f 轨道之间增加了 GGA+U 的计算方法[42]。该方法需要两个基本参数：Hubbard 参数 U 和交换常数 J，其中 U 代表建立在 Hubbard 模型基础上的库仑排斥能，而 J 用于描述轨道位点上的交换相互作用。在本章的计算中，我们采用了杜达列夫（Dudarev）[43] 等人提出的有效 Hubbard–U 参数来引入哈密顿量，即 $U_{eff} = U–J$，U_{eff} 决定了轨道依赖势。在 Nd 和 Tb 的 4f 轨道上，我们加了 0.0~2.0 eV 的 U_{eff}。在所有的化合物的计算中，用于扩展波函数的平面波截断能为 7.0（RKMAX），用于扩展密度和势能的截断能为 12（GMAX）。整个布里渊区采用 $4 \times 9 \times 2$ 的 Monkhorst–Pack 的 k 点采样法，布里渊区内的积分采用修正的四面体方法[37]。电子结构自洽计算的收敛判据为电荷收敛小于 10^{-4} e。

为了探究晶体中本征缺陷对电子结构及发光性质的影响，我们构建了一个 $2 \times 2 \times 1$ 的超胞模型 $La_8Ba_8Ga_{24}O_{56}$（BLGO）。通过在 BLGO 超胞中移除一个 O、Ga、Ba 或 La 原子来构建缺陷模型，并考虑了 Nd、Tb 或 Eu 替代 BLGO 中的一个 La 原子（分别记为 Nd_{La}、Tb_{La} 或 Eu_{La}）来构建掺杂模型。我们首先研究 BLGO 完整晶体和 BLGO 中的单缺陷，如氧缺陷（V_{O-I}，V_{O-II}，V_{O-III}）、镓缺陷（V_{Ga-I}，V_{Ga-II}）和镧缺陷（V_{La}）。然后，我们将 Nd^{3+} 离子掺杂在有无近邻缺陷的 BLGO 晶体中进行研究。最后，我们研究了其他稀土离子作为激活剂的发光可能性，并给出了理论预测。

3.2 结果与讨论

3.2.1 完整 BLGO 晶体计算

$BaLaGa_3O_7$ 晶体属于四方 $P\bar{4}2_1m$（No. 113）空间群，$D_{2d}{}^3$ 点群。其晶胞里有 2 个单胞，Ba 和 La 离子 1∶1 的比例分布在同一位置[19, 44]。晶体结构中，如图 3.1（a）所示，结构框架主要由两种 Ga_IO_4 和 $Ga_{II}O_4$ 四面体组成，La 和 Ba 离子位于四面体外的空隙中，占据 8 配位上。O 原子占据了 3 种不同的晶体学位置，分别为 O-I、O-II 和 O-III。

通过 GGA 和 LDA 两种方法对 BLGO 晶体进行了结构优化，我们得到了晶胞参数，并与实验数据进行了比较，结果列在表 3.1 中。如表 3.1 所示，实验数据列于表中作为参考。GGA 和 LDA 两种方法得到的晶胞参数与实验数据都非常接近，其中 LDA 方法优化后的结构参数在数值上更接近实验值。尽管在结构优化中 LDA 有时可能会提供更接近的结果，但在本研究中，我们仍然选择用 GGA 方法计算材料的电子结构和光学性质，因为 GGA 交换相关泛函在描述过渡金属氧化物成键和电子结构方面比 LDA 泛函更为准确和可靠。

表 3.1　采用 GGA 和 LDA 两种方法计算的 BLGO 的晶胞参数

晶胞参数	GGA	LDA	Ref. 2 and Ref. 24
a（Å）	8.246	8.073	8.145
b（Å）	8.246	8.073	8.145
c（Å）	5.478	5.345	5.382
<GaI-OI>（Å）	1.870	1.836	1.837
<GaII-OI>（Å）	1.889	1.854	1.859
<GaII-OII>（Å）	1.825	1.795	1.791
<GaII-OIII>（Å）	1.847	1.829	1.833
<GaI-OI-GaII>（deg）	115.4	114.7	116.2
<GaII-OIII-GaII>（deg）	127.9	128.7	127.4

为了确保低的掺杂浓度和缺陷浓度，同时节省 CPU 运行时间，在实验的四方晶体结构的基础上，我们构建了含有 96 个原子的 $2 \times 2 \times 1$ 的 BLGO 超胞，如图 3.1（b）所示，获得了具有单斜 P_1 空间群的晶体结构。尽管空间群改变了，但超胞的性质与单胞还是一致的。

BLGO 的能带结构和分波态密度如图 3.2 所示。明显地，完整 BLGO 晶体是一个绝缘体，计算得到的带隙为 3.33 eV。据我们所知，实验上并没有 BLGO 带隙值的相关报道。然而，由于实验样品往往含有表界面、空穴、无序位等，测试的带隙应该比计算的 BLGO 完整晶体小。此外，单晶结构的 BLGO 主要由 GaO₄ 四面体组成，因此，Ga-O 键的轨道贡献主要在价带。如图 3.2 所示，价带

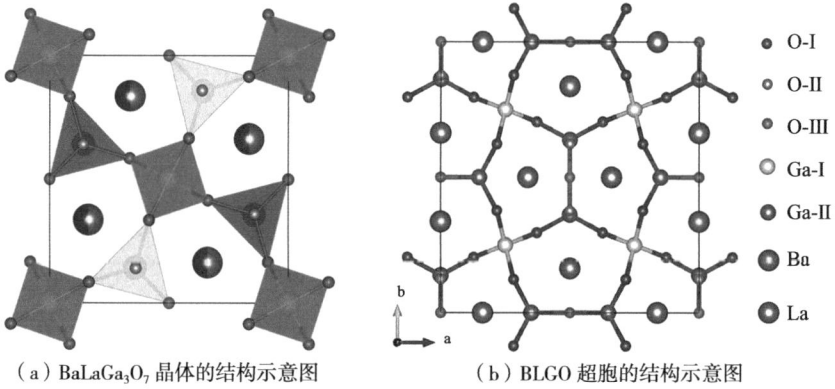

（a）$BaLaGa_3O_7$ 晶体的结构示意图　　　（b）BLGO 超胞的结构示意图

图 3.1　晶体结构示意图

确实主要由 O 2p 轨道占据。从分波态密度图中可以看出，Ba 和 La 离子的 5d 轨道主要贡献于导带。之前的实验报道曾提出，来自氧空位或镓中心的一个电子与一个捕获空穴重组会使 BLGO 发射蓝光。那么，O 空位能级是否能够提供电子给其他的捕获空穴？在 BLGO 中，这样的捕获空穴能级是否存在？下面将给出具体的讨论。

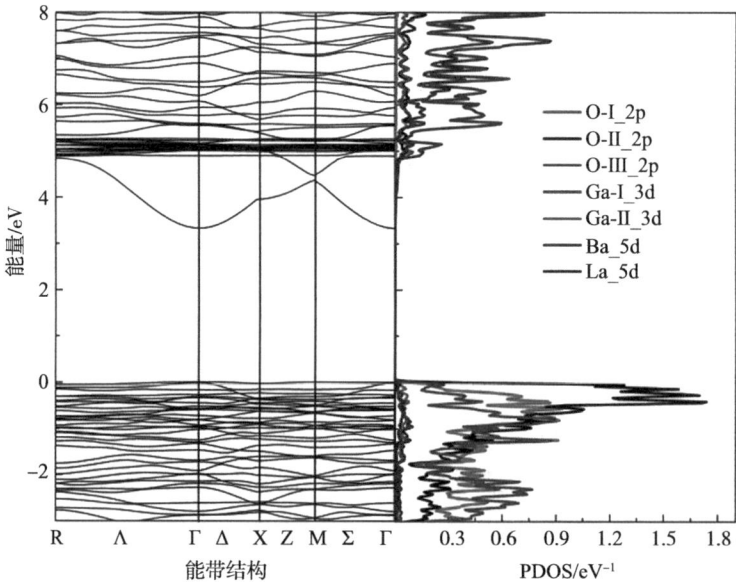

图 3.2　BLGO 完整晶体的能带结构和分波态密度（费米能级设置为 0 eV）

　　为了确定晶胞中各种缺陷的稳定性，我们首先计算了它们的形成能 E_F。根据文献报道[32]，BLGO 晶胞中单缺陷的计算如式（3.1）所示。

$$E_F = E\left(\text{Ba}_{8-x}\text{La}_{8-y}\text{Ga}_{24-z}\text{O}_{56-\delta}\text{X}_n\right) - E\left(\text{Ba}_8\text{La}_8\text{Ga}_{24}\text{O}_{56}\right) - n\mu_X + x\mu_{Ba} + y\mu_{La} + z\mu_{Ga} + \delta\mu_O$$

（3.1）

　　其中，$E\left(\text{Ba}_{8-x}\text{La}_{8-y}\text{Ga}_{24-z}\text{O}_{56-\delta}\text{X}_n\right)$（X = Nd、Tb、Eu）代表含有替代缺陷的超胞的总能，$E\left(\text{Ba}_8\text{La}_8\text{Ga}_{24}\text{O}_{56}\right)$ 代表无缺陷的完整超胞的总能，n，x，y，z，δ 分别代表 X，Ba，La，Ga，O 的原子数。μ_X，μ_{Ba}，μ_{La}，μ_{Ga}，μ_O 分别代表体材料 X，Ba，La，Ga 和 O_2 分子的化学式。计算结果列于表 3.2 中。

表 3.2　BLGO 晶胞中的单缺陷形成能

缺陷	形成能 /eV	缺陷	形成能 /eV
Nd_{La}	0.364	V_{Ga-II}	6.963
V_{O-I}	4.195	V_{La}	13.359
V_{O-II}	4.279	V_{Ba}	7.539
V_{O-III}	4.076	Tb_{La}	0.347
V_{Ga-I}	9.604	Eu_{La}	1.164

　　由表 3.2 可知，3 种类型的氧空位具有相似的形成能，而 V_{Ga-II} 的形成能比 V_{Ga-I} 的小 2.641 eV 左右，这样大的能量差表明 Ga–II 位比 Ga–I 位更容易产生空穴。具体的分析将会在下面几部分讨论。

3.2.2　BLGO 晶胞中的单缺陷

　　BLGO 晶胞中含有 3 种类型的氧位置，为了确定氧空位在 BLGO 发光中的作用，我们分别在 BLGO 超胞中任意移除一个一种类型的 O 原子，构建了含有氧空位（V_{O-I}，V_{O-II}，V_{O-III}）的单缺陷晶胞模型，并且计算了它们的电子结构性质。V_{O-I}，V_{O-II}，V_{O-III} 的能带结构如图 3.3 所示。氧缺陷能级紧邻费米能级，并位于费米能级以下。根据我们的计算，含有 V_{O-I}、V_{O-II}、V_{O-III} 的 BLGO 晶胞并没有发生自旋极化，因此这里只提供自旋向上的能带结构。明显地，V_{O-I}、V_{O-II}、V_{O-III} 能级上占据电子，并且分别位于离导带底约 2.58 eV、约 1.88 eV 和约 2.50 eV 处。然而，由于较大的能量差，这些缺陷能级上的电子很难直接激发到导带上。尽管如此，氧空位上的电子可以被位于费米能及以上的其他空位能级捕获，对发光起着辅助的作用。这个结论与实验的报道的氧空位确实能够提供电子给其他的捕获能级的结论相一致。

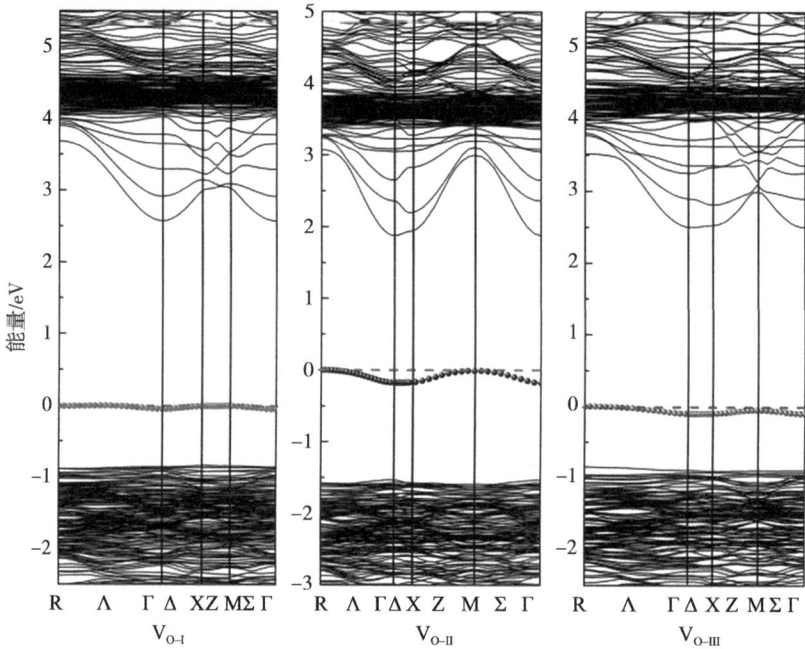

图 3.3　含有氧空位的 BLGO 晶胞的能带结构（费米能级设为 0 eV）

一些实验报告提出，在 γ 射线的照射下，Ga^{3+} 离子能够捕获来自 O^{2-} 离子的电子，因此，Ga^{3+} 离子对发光起着至关重要的作用。BLGO 超胞中含有 2 种 Ga 离子，我们分别在 BLGO 超胞中任意移除一个一种类型的 Ga 原子，构建含有 Ga 空位（V_{Ga-I} 和 V_{Ga-II}）的单缺陷晶胞模型。两者的能带结构和态密度图如图 3.4 和图 3.5 所示。

对于 V_{Ga-I} 空穴，杂质能级位于费米能级以上，因此，此缺陷能级未被占据的，可以接收来自其他能级的电子。从前面的氧空位分析可知，氧空位能级能够释放电子给更高的空位能级，这就与实验的结论相一致[45]，理论公式如式（3.2）和式（3.3）所示：

$$O^{2-}+\gamma \rightarrow O^-+e^- \qquad （3.2）$$

$$Ga^{2+}+e^- \rightarrow Ga^{2+} \qquad （3.3）$$

然而，由于 V$_{Ga-I}$ 杂质能级与导带的能量差很大（约 2.77 eV），导致这些空位能级上捕获的电子难以释放到导带，因此，V$_{Ga-I}$ 空穴并不是促进 BLGO 发光的有利条件。

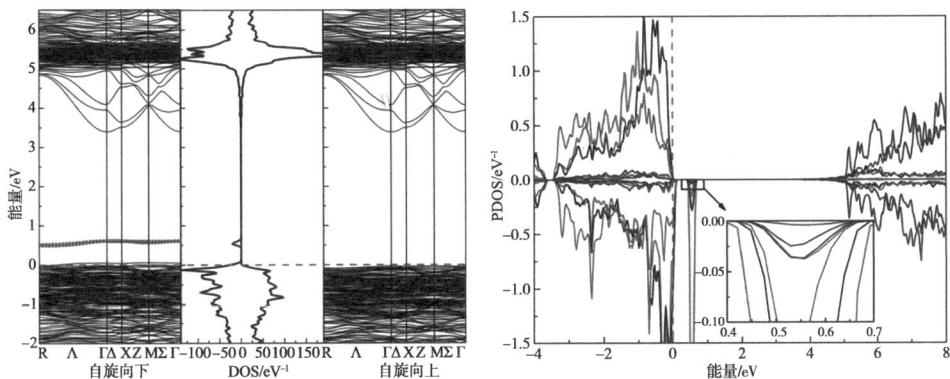

图 3.4　含有 V$_{Ga-I}$ 空位的 BLGO 晶胞的能带结构和态密度（费米能级设为 0 eV）

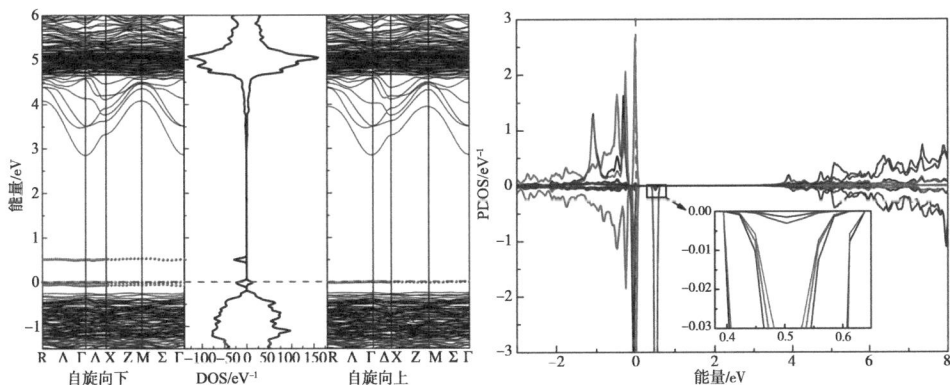

图 3.5　含有 V$_{Ga-II}$ 空位的 BLGO 晶胞的能带结构和态密度

对于 V$_{Ga-II}$ 空穴，能带结构中出现 2 种类型的杂质能级：一种杂质能级位于费米能级以下；另一种自旋向下的杂质能级出现在费米能级以上，如图 3.5 所示。因此，在 2 个杂质能级间容易发生电子跃迁。此外，位于费米能级以上的空的杂质能级也能够接收来自氧空位能级上激发而来的电子。不过，空位能级与导带底较大的能量差（约 2.34 eV）导致电子难以释放到导带。尽管如此，V_{Ga-II} 空位的这种能量差比 V_{Ga-I} 空位低 0.43 eV 左右，因此，V_{Ga-II} 空位能级上的电子比 V_{Ga-I} 容易释放到导带。这个结论与前面的形成能计算结果相对应：V_{Ga-II} 缺陷的形成能小于 V_{Ga-I} 缺陷的形成能。

我们从 BLGO 超胞模型中任意移除一个 La 原子，构造含有 La 离子缺陷（V_{La}）的单缺陷模型。计算得到的能带结构和态密度如图 3.6 所示。由图可知，电子结构中出现了自旋向下的杂质能级，位于价带顶和费米能级以上，这种现象与 $CaAlO_4$ 化合物中的 V_{Ca} 缺陷相似[32]。BLGO 晶胞中，移除 1 个 La 原子会留下 3 个未配对的电子，倾向于与 O 和 Ga 原子结合。联合之前的讨论，V_{La} 空位的存在有利于传输电子给 O 原子和更高的空位能级，如 Ga 空位能级。

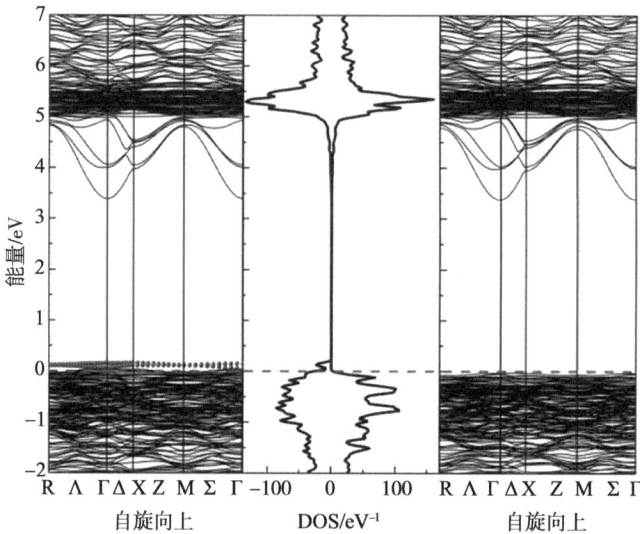

图 3.6　含有 V_{La} 空位的 BLGO 晶胞的能带结构和态密度（费米能级设为 0 eV）

此外，我们也在 BLGO 超胞中构建了含有 Ba 离子缺陷（V_{Ba}）的单缺陷模型，并计算了含有 V_{Ba} 的能带结构和态密度。如图 3.7 所示，电子结构中出现了位于费米能级以上的弱杂质能级，表明 V_{Ba} 空穴的形成对 BLGO 发光几乎没有影响。

通过以上 BLGO 晶胞中单缺陷的结果分析，我们发现即使电子能够在缺陷

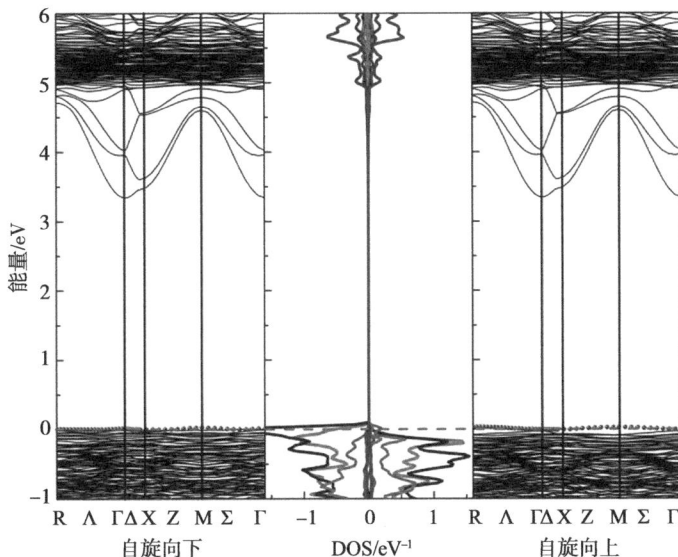

图 3.7　含有 V_{Ba} 空位的 BLGO 晶胞的能带结构和态密度（费米能级设为 0 eV）

能级之间传输，但是对发光的影响也是微弱的。这与实验的研究结果相一致：BLGO 基体是一种微弱发光甚至是不发光的材料。根据实验研究，BLGO：Nd 的发光强烈依赖于 Nd 掺杂离子 4f 5d 能级之间的电子跃迁。相关计算和发光机理将会在下面的部分进行讨论。

3.2.3　BLGO 晶胞中稀土 Nd 离子的掺杂

含 La 原子的化合物适合作为发光材料的基体材料，因为它的 4f 层是空的，因此不会发生 4f 电子的跃迁，除非其他稀土离子引入晶格。作为发光中心，Nd 离子中 4f 5d 轨道间的电子跃迁对发光起着至关重要的作用。稀土离子的 4f 电子是强关联的，我们采用 DFT+U 的方法来解决这个问题。U 是一个半经验的能量，不同的体系应该采用不同的 U 值进行计算[46, 47]。在本工作中，我们在稀土 4f 轨道上加不同的 U 值（0，0.5，1，1.5，2）进行测试，计算获得的分波态密度如图 3.8 所示。研究发现，在 Nd 离子的 4f 轨道上加 U 后，电子占据的 4f 能级和费米能级向价带移动，空的 4f 能级与导带之间能量差几乎不变。这将导致 Nd 离子 4f 轨道占据态和空态之间的能量差变大。根据相关发光计算的文献[32]，我们发现对于计算 BLGO：Nd 的发光机理，当加 U 为 1 eV 时已经与实验的结果相匹配。因此，在本工作中，我们选择加 1 eV 的 U 值到 Nd 的 4f 轨道上。

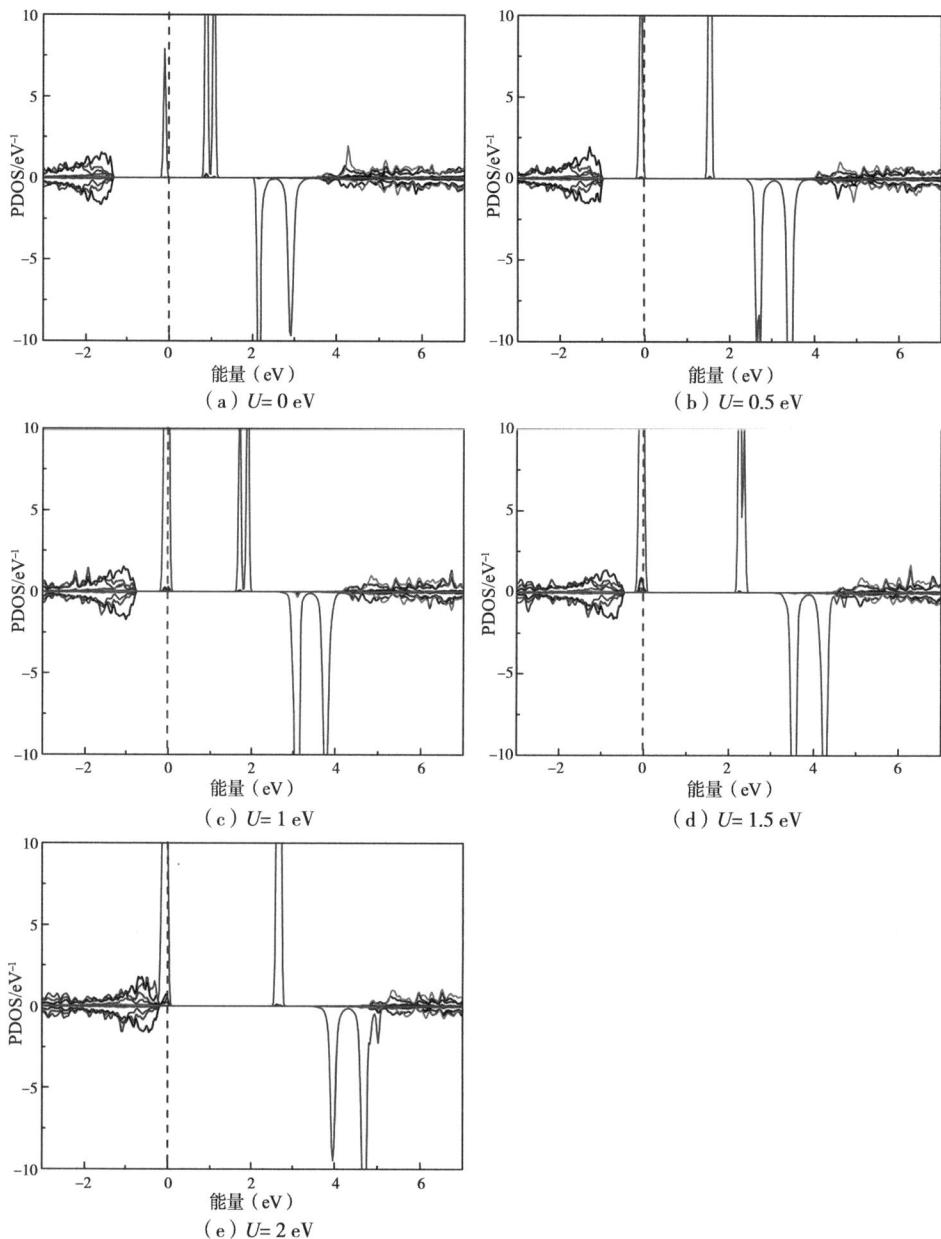

图 3.8　BLGO：Nd 中，在 Nd 离子 4f 轨道上加不同 U 值的分波态密度

　　我们计算了 BLGO：Nd 的电子结构，其能带结构和态密度如图 3.9 所示。明显地，当采用 Nd 离子掺杂时，一些杂质能级引入 BLGO 的带隙中。从图 3.9右图的分波态密度图可以看出，这些杂质能级主要来源于 Nd 的 4f 轨道，并且这些 4f 轨道是部分占据的，因为费米能级居于这些杂质能级之间。理论上，Nd^{3+} 离子具有 3 个自旋向上占据的 4f 电子。我们采用 WIEN2k 程序包中的 QTL和 TETRA 模块对 Nd^{3+} 离子 4f 轨道进行劈裂。劈裂的 4f 轨道能级如图 3.10 所示。在笛卡儿坐标上，有 7 个不等的 f 轨道，即 fx（x^2-3y^2），fy（$3x^2-y^2$），fz（x^2-y^2），fxyz，fxz^2，fyz^2，fz^3。从图 3.10 可知，一些 4f 轨道能级是简并的，Nd^{3+} 的 3 个4f 电子分布在这些 4f 轨道上，除了 fx（x^2-3y^2）轨道。相关的发光机理将在下面讨论。

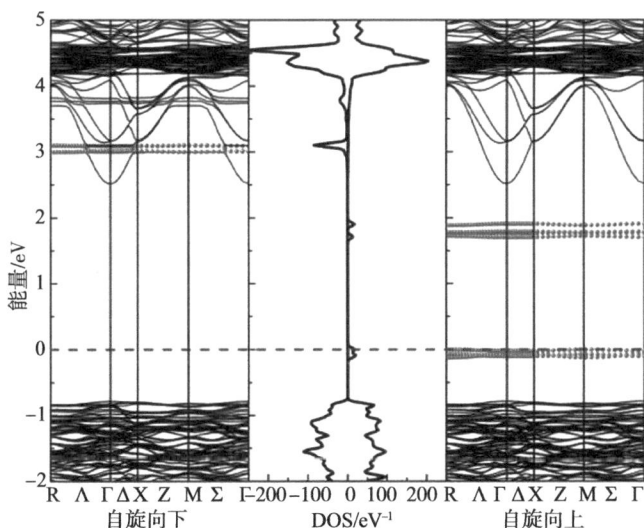

图 3.9　BLGO：Nd 的能带结构和态密度

3.2.4　BLGO：Nd 中的复合缺陷

　　当 BLGO 晶胞中已经存在 Nd 发光中心的同时，还存在其他复合缺陷时，对发光的影响如何？为了回答这个问题，我们计算了复合缺陷（$Nd_{La}+V_O$，$Nd_{La}+V_{Ga}$，$Nd_{La}+V_{La}$）的形成能和能带结构。

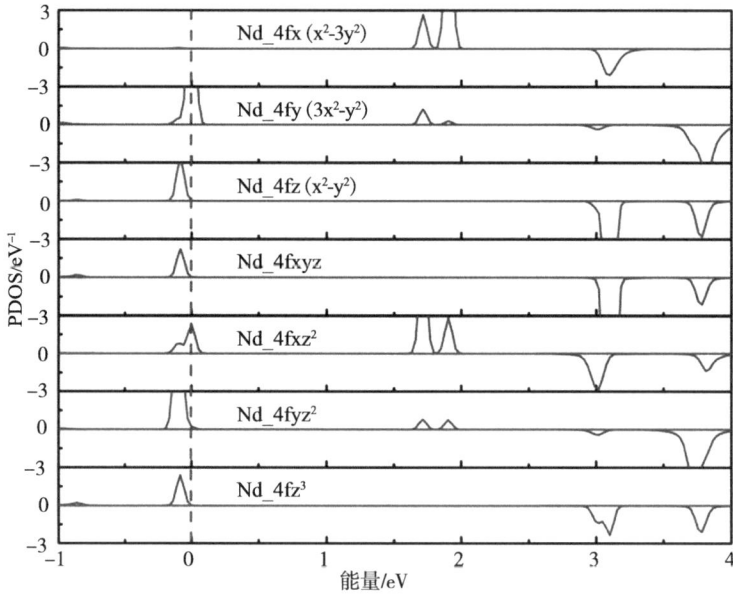

图 3.10　BLGO：Nd 中 Nd 离子的 4f 轨道劈裂（费米能级设为 0 eV）

首先，对于 $Nd_{La}+V_O$，我们构造了两种类型的复合缺陷，一种是 Nd_{La} 与 V_O 相距最近，另一种是 Nd_{La} 与 V_O 相距最远。结果显示，Nd_{La} 与 V_O 相距最远更容易形成。以 V_{O-II} 为例，Nd_{La} 与 V_{O-II} 相距最近和最远的形成能分别为 4.312 eV 和 4.194 eV。然而，为了验证 V_O 对 Nd_{La} 的作用，我们仍然移除一个邻近 Nd 的 O 原子，构造 $Nd_{La}+V_O$ 复合缺陷。获得的能带结构和态密度如图 3.11 所示。我们发现在 BLGO：Nd 中的 V_{O-I} 和 V_{O-III} 缺陷能级比在 BLGO 中的低 0.5 eV 左右，而 V_{O-II} 杂质能级在 BLGO：Nd 和 BLGO 基体中几乎没有变化，它的影响可以忽略不计。因此，BLGO：Nd 中的 V_{O-I} 和 V_{O-III} 能级比发光中心 Nd 的杂质能级更深，有利于延长发光寿命。除此之外，BLGO 基体中只有 2 种有效的氧桥键，分别为 $Ga_I-O_I-Ga_{II}$ 和 $Ga_{II}-O_{III}-Ga_{II}$，如图 3.1（a）所示。因此 V_{O-I} 和 V_{O-III} 对材料发光的影响比 V_{O-II} 的大。

其次，对于 $Nd_{La}+V_{Ga}$，根据表 3.2 中形成能的计算结果，Ga–II 比 Ga–I 更容易形成空穴。因此，本工作只考虑在 Nd_{La} 附近构造 V_{Ga-II} 复合缺陷。计算获得的电子结构如图 3.12 所示。BLGO：Nd 中复合缺陷 Nd 的 4f 能级和 V_{Ga-II} 的杂质能级比 BLGO 基体中的单缺陷能级向价带移动。基于此，占据态的 Nd 4f 能

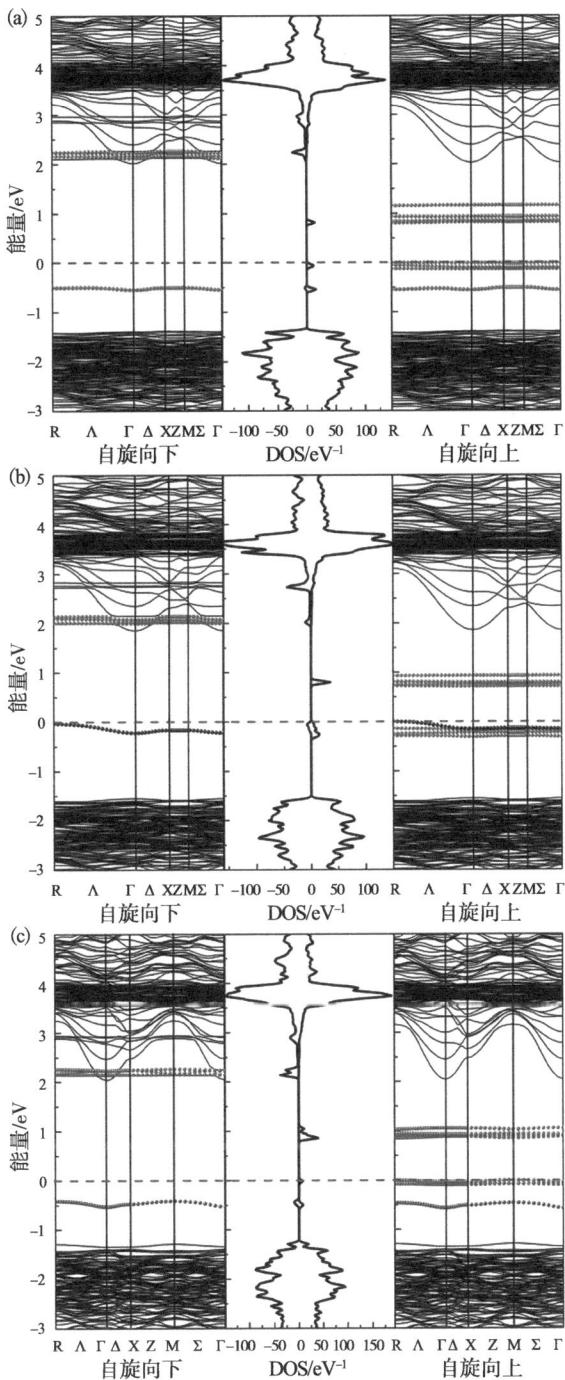

图 3.11　BLGO 晶胞中复合缺陷 Nd$_{La}$+V$_O$ 的能带结构和态密度

级向移向价带顶。然而，由于未占据的 Nd 4f 能级也向价带移动，导致最高未占据的 Nd 4f 能级与导带顶的能量差变大而难以发生电子跃迁。

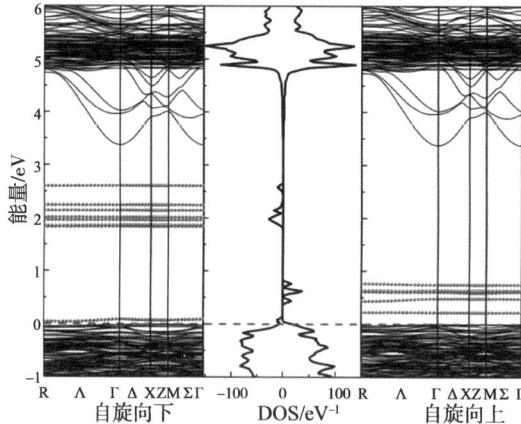

图 3.12　BLGO 晶胞中复合缺陷 $Nd_{La}+V_{Ga-II}$ 的能带结构和态密度

最后，对于 $Nd_{La}+V_{La}$，电子结构与 $Nd_{La}+V_{Ga}$ 复合缺陷的非常相似，如图 3.13 所示。其对发光的贡献也很小，这里不作过多的讨论。

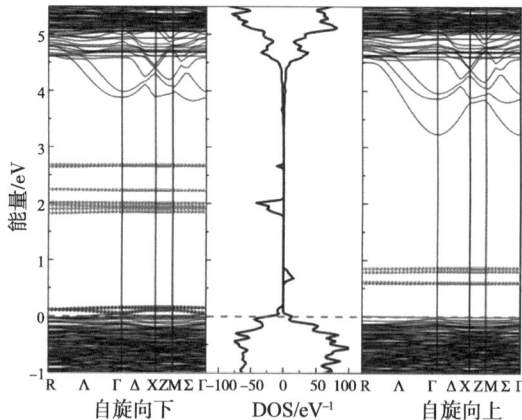

图 3.13　BLGO 晶胞中复合缺陷 $Nd_{La}+V_{La}$ 的能带结构和态密度（费米能级设为 0 eV）

3.2.5　BLGO 基体中其他稀土离子的掺杂

实验报道了其他稀土离子，如 Tb、Ho、Er、Tm 也可以作为 BLGO 的发光

中心[29, 30]。实验上，Tb 激发的 BLGO 在室温时发光微弱。Lammers 和 Blasse
研究发现 BLGO：Tb 的激发光谱中只有 $4f^8$ 谱线和微弱的宽带出现[30]。他们把
这种低强度的激发带归因为 Tb^{3+} 离子的 $4f \rightarrow 5d$ 电子跃迁。在本工作中，我们
采用一个 Tb 离子替代一个 La 离子的位置，构造 BLGO：Tb 模型。表 3.2 列出了
Tb_{La} 的形成能，比 Nd_{La} 的形成能稍小，表明 Tb^{3+} 比 Nd^{3+} 更容易引入 BLGO 晶格。
我们在 Tb 的 4f 轨道上加 U 对其进行交换相关校正，U 分别为 0.5 eV、1 eV、
1.5 eV、2 eV，如图 3.14 所示。通过比较，当 U = 1 eV 时可以给出合理的结果。
BLGO：Tb 的电子结构如图 3.15 所示。Tb^{3+} 的掺杂引入了自旋向下的杂质能级。
从图 3.15（a）可以看出，这些杂质能级来源于 Tb 的 4f 轨道，并且占据态的 4f
轨道位于价带深处（–3 ~ –5 eV），因此，$4f \rightarrow 5d$ 电子跃迁较难发生。此外，

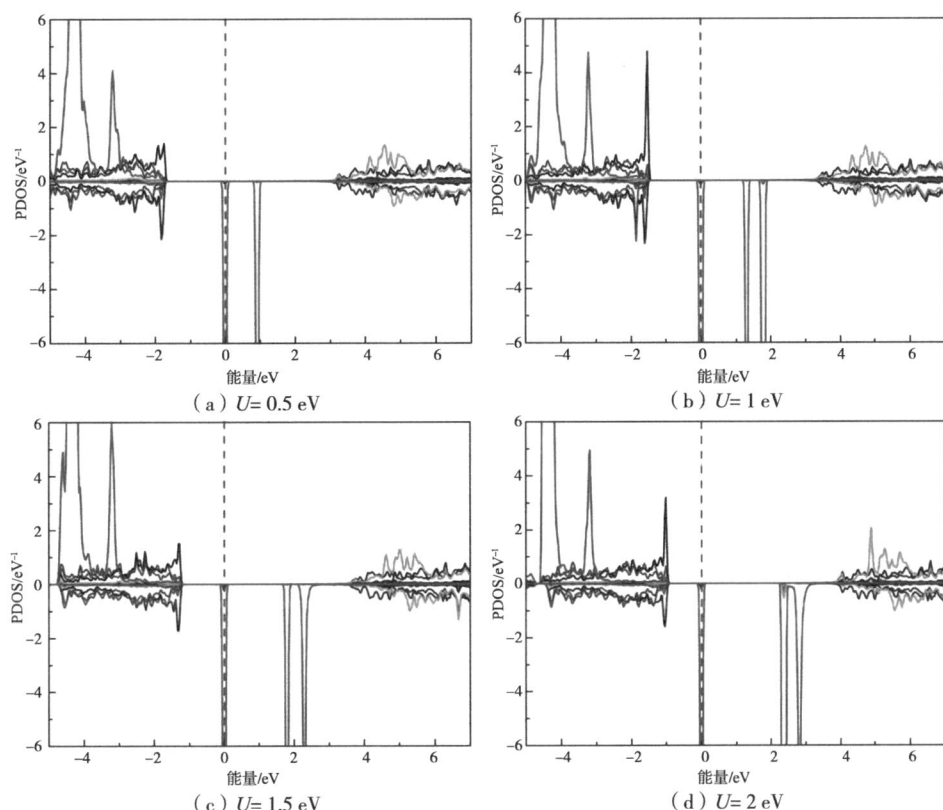

图 3.14　BLGO：Tb 中，在 Tb 离子 4f 轨道上加不同 U 值的分波态密度
（费米能级设置为 0 eV）

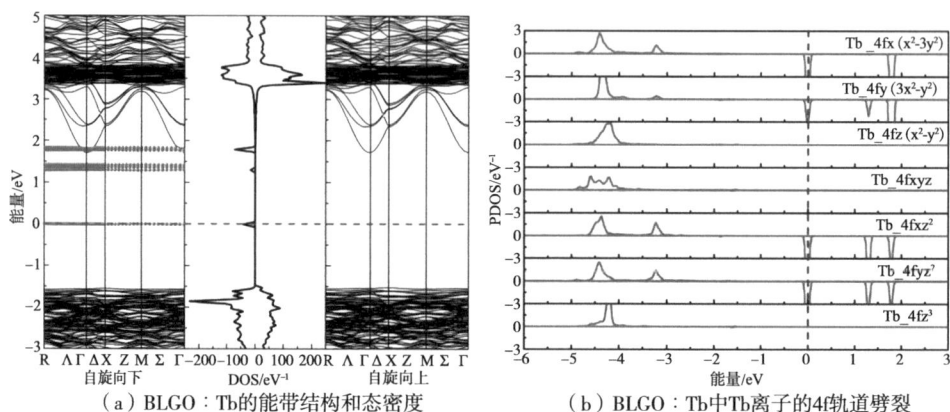

（a）BLGO：Tb的能带结构和态密度　　　　　　（b）BLGO：Tb中Tb离子的4f轨道劈裂

图 3.15　BLGO：Tb 的电子结构（费米能级设置为 0 eV）

一种一个占据的 4f 能级位于费米能级以下，因此，Tb^{3+} 掺杂的 BLGO 发光较微弱。值得注意的是，未占据的 Tb 4f 轨道能级非常接近导带底，在外界照射的条件下可以与导带发生作用。因此，我们猜测 Tb，Nd 共掺杂 BLGO 具有更长的发光寿命。基于此，我们构建了 BLGO：Nd，Tb 晶胞，通过计算来验证我们的猜测。

计算结果如图 3.16 所示。明显地，未占据的杂质能级在费米能级以上分布较宽，并且是一种从浅到深的排列。因此，Tb 离子的掺杂不仅能够提供额外的电子，也能够引入更深的电子捕获中心。值得注意的是，共掺杂的 Nd 4f 轨道占据能级（位于费米能级以下）向更深的价带方向移动。电子在移回导带之前，能够在 Nd 4f 和 Tb 4f 能级之间跃迁较长时间。因此，理论上，Tb、Nd 共掺杂确实能够延长发光时间。以上的讨论表明，尽管稀土离子单掺杂 BLGO：X 可能不具有好的发光效果，但是 BLGO：Nd 中共掺杂其他稀土离子具有非常好的发光潜力。这个课题值得实验和理论上进一步研究。

据我们所知，目前 Eu 掺杂 BLGO 体系并没有文献报道，即使 Eu 离子常被用作众多材料的发光中心，如 Y_2WO_6[48]、YVO_4[49]、$Ba_2LiSi_7AlN_{12}$[50]、$Ba_3P_5N_{10}X$（X = Cl，I）[51]等。本工作中，我们研究了 Eu 离子掺杂的 BLGO 晶胞，探索 Eu 离子可否作为 BLGO 基体的优良发光中心。表 3.2 计算的 Eu_{La} 形成能表明，BLGO：Eu 比 BLGO：Nd 和 BLGO：Tb 更难形成。BLGO：Eu 的能带结构的态密度如图 3.17 所示。由图可知，自旋向上的 Eu 4f 杂质能级位于费米能级以上，非常接近于价带顶。另外，交换相关校正后，Eu 4f 能级向价带深度移动，使得 BLGO：Eu 的带隙太大而难以发生电子跃迁，并不能满足发光的条件。因此，理论上，Eu 并不能作为 BLGO 基体的有效的发光中心。

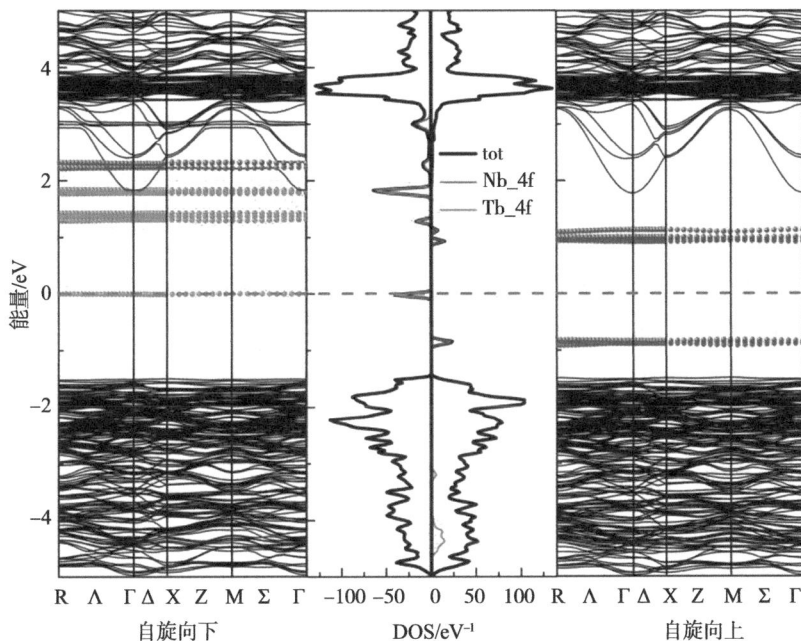

图 3.16　BLGO：Nd，Tb 的能带结构和态密度（费米能级设置为 0 eV）

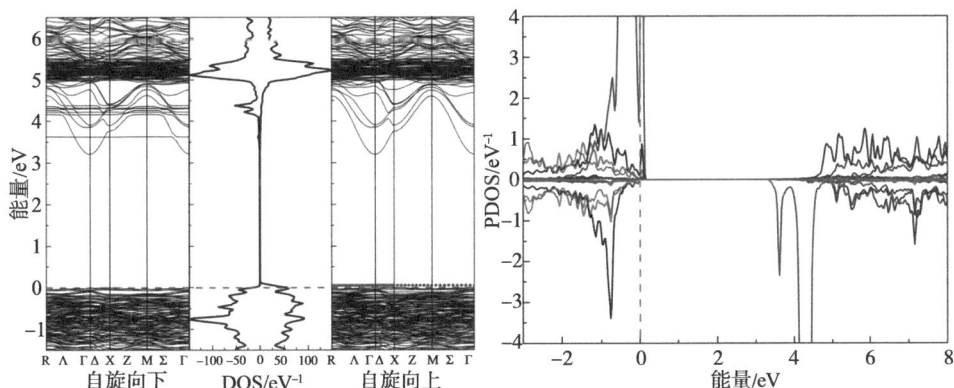

图 3.17　BLGO：Eu 的能带结构和态密度（费米能级设置为 0 eV）

3.2.6　发光特性研究

光与物质相互作用的本质是光使物质中的电子，特别是价电子发生极化作用。在线性响应范围内，固体的宏观光学响应函数通常由光的实部（ε_1）和虚部（ε_2）构成的复介电函数来表示：

$$\varepsilon(\omega) = \varepsilon_1(\omega) + i\varepsilon_2(\omega) \tag{3.4}$$

对于任何电介质，当光子频率趋近于 0 时，介电函数实部为一个常数。随着频率的增大，介电函数实部也变大，表示极化程度增大。然后，介电函数实部的急剧减小说明光子频率和介质的电子跃迁形成共振，在虚部上会出现一个对应的吸收峰。我们应用 OPTIC 模块计算材料的光学性质，同时考虑自旋轨道耦合的相互作用。计算获得的介电函数和吸收系数如图 3.18 所示。首先，通过 Kramers-Kronig 转换，实部曲线的下降与虚部的吸收峰一一对应。另外，能量区间 1~2.5 eV 的吸收峰对应于镧系离子 4f 轨道的电子跃迁。原则上，4f → 4f 的电子跃迁不满足电偶极矩选择定则。然而，从图 3.9 可见，4f 能级实际上混合了少量 5d 轨道能级。之前的文献报道过类似的情况[52]：低对称的镧系离子

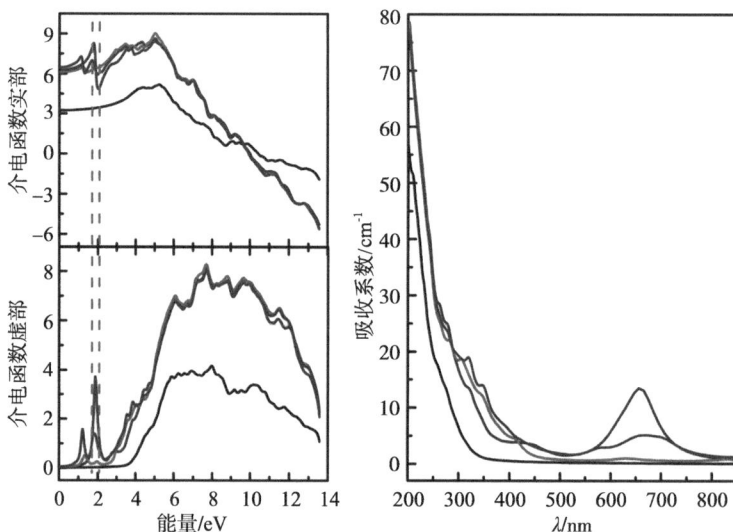

图 3.18　BLGO 基体和稀土离子掺杂的 BLGO 材料的发光特性曲线

配位（D_{4d}）能够使 4f 和 5d 轨道波函数混合。因此，能够推断出本章中 4f 和 5d 轨道的混合归因于 Nd^{3+} 和 Tb^{3+} 在 BLGO 中低对称的配位环境，导致 4f 轨道中混合了一些反宇称态（5d），电偶极跃迁被部分允许。吸收系数与波长的对应关系如图 3.18 右图所示。众所周知，Nd^{3+} 和 Tb^{3+} 的离子半径小于 La^{3+}，因此，它们的掺杂能够引发额外的晶格无序。从图中可以看出，稀土离子的掺杂导致 BLGO 的吸收边向长波方向移动，这与之前的实验数据相一致[22]。

3.2.7　BLGO：Nd 和 BLGO：Nd，Tb 的发光机理

基于前面的分析讨论，BLGO：Nd 和 BLGO：Nd，Tb 的发光机理总结如图 3.19 所示。由于单缺陷对发光几乎没有影响，因此不考虑单缺陷的作用。

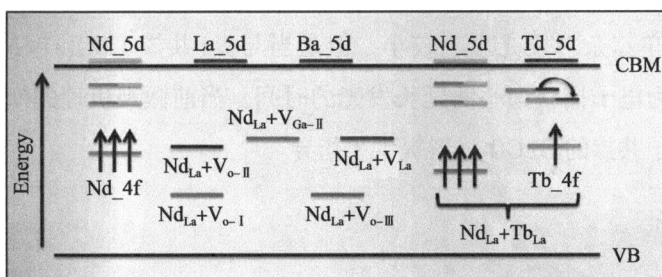

图 3.19　BLGO：Nd 和 BLGO：Nd，Tb 的发光机理示意图

首先，Nd 离子作为发光中心，未占据的 5d 轨道位于导带顶，未占据的 Nd 4f 杂质能级接近 Nd 的 5d 能级，发生了 4f 与少量 5d 能级的混合。因此，4f 能级间的宇称禁戒跃迁被部分允许。在外界照射下，Nd 4f^3 电子能够激发到更高的 4f–5d 混合能级，然后，在持续的外界光线照射下，混合能级上的这些激发电子能够跳跃到导带顶的 5d 轨道上，当这些 5d 能级上的激发电子移回到 4f 能带时，材料发光。此外，在材料制备过程中,BLGO：Nd 中的会产生复合缺陷，但这些复合缺陷对材料发光的影响很小，对发光起主要作用的仍然是 4f 能级上的电子跃迁到 4f–5d 混合能级上，然后跃迁到未占据的 5d 能级，随后再跃回 4f 能级。其次，在 BLGO：Nd，Tb 中，Nd 作为发光中心，Tb 作为电子捕获中心，在此，由于捕获能级由浅入深的排列，电子能够在捕获能级上停留一段时间再

跃迁到导带，因此能够延长发光时间。这种共掺杂的方法在设计其他稀土离子掺杂的 BLGO 发光材料中起着很重要的作用，值得实验上进一步研究。

3.3 本章小结

本章采用第一性原理计算研究了 BLGO：Nd 的发光机理。首先研究了 BLGO 基体有无单缺陷（V_O、V_{Ga}、V_{La}、V_{Ba}）对材料发光的影响。其次，全面地研究了 BLGO：Nd 的发光机理。研究发现，对发光起支配作用的是 4f → 4f–5d → 5d → 4f 这样一系列的电子跃迁。BLGO：Nd 中的复合缺陷对发光只起微弱的辅助作用。当然，其他稀土离子的掺杂也可以作为 BLGO 基体的发光中心。然而，它们的发光是微弱的（如 Tb^{3+}），甚至是不发光（如 Eu^{3+}）。除此之外，尽管 Tb^{3+} 离子单掺杂对发光影响较小，但是当与 Nd 共掺（BGLO：Nd，Tb）时，Tb^{3+} 可以作为电子捕获中心而延长发光的时间。当前微观机理的研究对实验上研究稀土离子共掺的 BLGO 材料提供了指导。

化学压和静水压作用下 R_2CoMnO_6/La_2CoMnO_6 多铁材料的微观机理研究

多铁材料是指在一定温度范围内能够同时具有磁有序、铁电性或铁弹性的材料[53-55]。目前研究最多的是同时具有磁性和铁电性，而且甚至可以实现磁电性质之间的互相调控，也就是在外加电场作用下可以改变磁学性质，或者外加磁场的作用能够使得介质的电极化性质发生改变的单相材料[56, 57]。多铁材料中电荷和自旋序参量共存，并且相互耦合在一起，产生磁电耦合效应。根据铁电性的差异，磁电材料可以分为两类。一类被称为 "improper magnetic ferroelectrics"，铁电性被一些微观机制所驱动[58-60]。这类材料大多数为 A 位有序的 Ruddlesden–Popper 相双钙钛矿氧化物或超晶格结构，例如 $Ca_3Mn_2O_7$[58, 61] 或 $PbTiO_3$/$SrTiO_3$[59, 62]。磁电耦合来源于铁电体中的非线性自旋有序，或者两种特殊的晶格倾转模式相结合所引发，但这两种晶格并不具有铁电性。在这种多铁材料中，晶格畸变不仅能引发铁电性，也会形成磁有序，从而构成磁电体[63-65]。另一类磁电材料被称为 "proper magnetic ferroelectrics"，铁电性由杂化和共价所引发[66-68]。这类材料主要是 A 位为稀土元素的六方锰酸化合物 $RMnO_3$（R 为稀土元素）[66, 67]，其实现铁电性的主要驱动力是对称中心位置的 R 离子发生反对称位移，并且与 O 的 2p 轨道强杂化。目前，在近室温区具有强电极化和强磁性共存的材料研究尚少[69]。

对于理论研究，寻求结构重组后具有强铁电极化的多铁材料是一个研究热点。詹姆斯·蒙迪内利（James M. Rondinelli）和芬妮（Fennie）提供了全面的设计方案[70]，采用两种各自都不具有铁电性的 ABO_3 钙钛矿晶格构造层状钙钛矿超晶格来实现铁电性。在（ABO_3）$_1$（$A'B'O_3$）$_1$ 中，A/A' 阳离子有序是化学标准，体材料 ABO_3 和 $A'B'O_3$ 的八面体倾转模式是能量标准。因此，在 $AA'BB'O_6$ 超晶格中，当 ABO_3 和 $A'B'O_3$ 的化学计量比为 1:1，并且 A 与 A' 是层状有序排列，同时 BO_6 和 $B'O_6$ 八面体具有 $a^-a^-c^+$ 的 Glazer[71] 倾转倾向时，被认为具备铁电性。最近，理论上，$AA'MnWO_6$ 双钙钛矿被证明是一种多铁材料[72, 73]。在 $NaLaMnWO_6$ 中，两种不稳定倾转模式经过三线耦合，引入了一个大的极化畸变，电极化可达 16 $\mu C/cm^2$[72]。此外，赵宏健与同事[74] 通过结合两种顺电铁磁钙钛矿，构造出了铁电铁磁共存的 R_2NiMnO_6/La_2NiMnO_6 超晶格，其中两种不同稀土离子的反铁磁位移促使晶格引入铁电性。研究发现，近室温区，R_2NiMnO_6/La_2NiMnO_6 的自发极化范围为 1.4~9.2 $\mu C/cm^2$。

基于此，考虑到 Co^{2+} $3d^7$（$t_{2g}^6 e_g^1$ 或 $t_{2g}^5 e_g^2$）和 Ni^{2+} $3d^8$（$t_{2g}^6 e_g^2$）微观电子构型的差异，含 Co^{2+} 离子的钙钛矿对外界环境更敏感，比含 Ni^{2+} 离子的钙钛矿具有更高的磁电耦合常数，同时 La_2CoMnO_6（$T_C \approx 230$ K）和 La_2NiMnO_6（$T_C \approx 280$ K）具有非常相似的物理性质[75-77]，因此近室温区 R_2CoMnO_6/La_2CoMnO_6 超晶格的多铁性是一个有趣的研究课题。为了探索多铁材料的微观机理，实现磁电性能的可控调节，我们在晶格中引入两种压力：一种是化学压，通过稀土离子从 La 到 Tm 的镧系收缩效应来实现；另一种是静水压，通过拉伸和压缩改变晶胞体积来实现。化学压和静水压都是通过调节材料的微观结构参数（如晶胞参数和键角）来影响 R_2CoMnO_6/La_2CoMnO_6 超晶格的相关物理性能。在工作中，我们通过第一性原理计算，在 R_2CoMnO_6/La_2CoMnO_6 超晶格中引入化学压和静水压，探索其中可能存在的铁电、铁磁以及其他物理性能。

4.1　计算方法

本章的第一性原理计算均是使用基于密度泛函理论开发出来的 VASP（5.2.2 版）程序包[36, 78] 完成。价电子和离子核之间的相互作用采用凝聚芯投影缀加波法（PAW）[37, 79]，交换相关项通过 Perdew、Burke 和 Ernzerhof（PBE）[38] 推导的广义梯度近似 Generalized Gradient Approximate（GGA）处理。在计算中，为了考虑 Mn 3d 和 Co 3d 壳层的电子相关性，我们采用 GGA+U 方法[42]对 R_2CoMnO_6/La_2CoMnO_6（R = Ce、Pr、Nd、Pm、Sm、Gd、Tb、Dy、Ho、Er、Tm）超晶格的基态的电子结构进行计算。Hubbard 库仑势采用自相互作用修正来处理，$U_{eff} = U–J$，其中 U 和 J 分别代表库仑排斥能和交换相关能。在本研究中，Co 和 Mn 离子的 3d 轨道上分别施加了 1.0~6.0 eV 的 U_{eff} 值。通过与实验结果对比计算得到的磁矩和带隙，最终选择在 Mn 的 3d 轨道上施加 1.0 eV 的 U_{eff}，在 Co 的 3d 轨道上施加 3.0 eV 的 U_{eff} 值。价电子构型为 Co（$4s^13d^8$）、Mn（$4s^13d^6$）和 O（$2s^22p^4$）。这些电子构型采用 VASP 赝势库里的标准势进行自洽电子结构计算。在本工作中，稀土离子的 4f 电子被视为芯电子并纳入核态计算。整个布里渊区采用 $6×6×4$ 的 Monkhorst–Pack 的 k 点采样法进行积分。电子波函数以平面波作为基组展开，平面波截断动能为 500 eV。每个原子受到的 Hellman–Feynman 力 ≤ 0.05 eV/Å 作为判断收敛的标准。

4.2　结果与讨论

R_2CoMnO_6/La_2CoMnO_6（R = Ce、Pr、Nd、Pm、Sm、Gd、Tb、Dy、Ho、Er、Tm）超晶格的设计基于实验上单斜的 La_2CoMnO_6（$P2_1/n$ 空间群）晶体结构。在 20 个原子的超晶格结构中，采用 R 离子替代其中一个 LaO 层中的 La 离子，如图 4.1（a）所示。其中，沿 c 轴方向上 LaO/RO 层有序，引起 La 和 R 离子沿 b 轴方向上的反极化位移是实现铁电性的关键，如图 4.1（b）所示。同时，B 位阳离子 1:1 的岩盐有序在晶格中一直存在，这是晶格形成铁磁有序的原因。本工作采用化学压和静水压两种压力分别作用于 R_2CoMnO_6/La_2CoMnO_6 超晶格，探索晶格中磁电调控的机理。

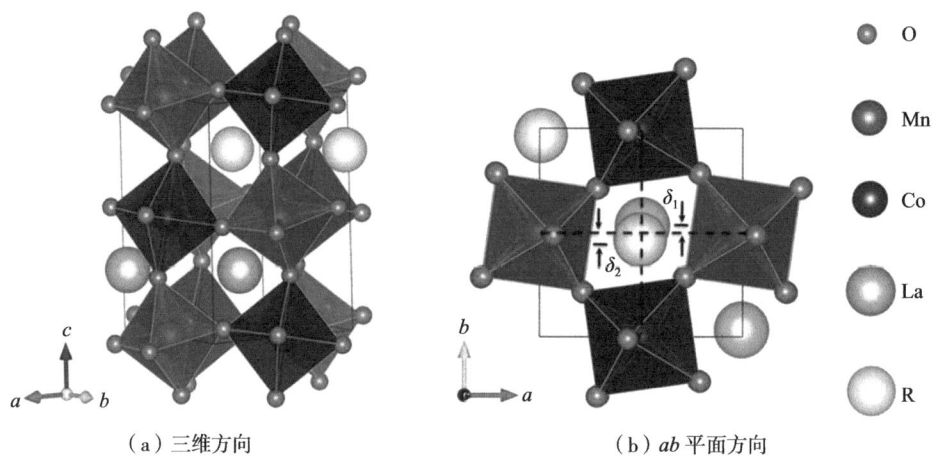

（a）三维方向　　　　　　　　　　（b）ab 平面方向

图 4.1　R_2CoMnO_6/La_2CoMnO_6 超晶格的晶体结构

4.2.1　化学压及微观机理

对于 R_2CoMnO_6/La_2CoMnO_6 超晶格，R 是一系列稀土离子（R=Ce、Pr、Nd、Pm、Sm、Gd、Tb、Dy、Ho、Er、Tm）。由于镧系收缩效应，化学压随着稀土离子半径的减小而增加。图 4.2（a）给出了结构优化后的晶胞参数。a 和 c 随着稀土离子半径的减小而单调下降，而 b 的值先稍微增大（从 Nd 到 Er），然后减小（从 Er 到 Tm）。这种晶胞参数的变化趋势与文献报道的实验结果一致[80, 81]，同时也与化学压的特性一致。从图 4.2（b）可以看出，La_2CoMnO_6 是一个以 $a^-a^-c^+$ Glazer 倾转模式的绝缘体，计算得到的带隙为 1.0 eV，稍低于文献报道的结果[81, 82]。这种偏差可能源于密度泛函理论对带隙的低估。此外，R_2CoMnO_6/La_2CoMnO_6（R=Ce、Pr、Nd、Pm、Sm、Gd、Tb、Dy、Ho、Er、Tm）系列超晶格的带隙差异很小。在态密度图上，费米能级附近主要由 Co 3d 轨道和 Mn 3d 轨道占据，而 La 的贡献很小。因此，La/R–O 杂化这种六方铁电的驱动力并不是引发 R_2CoMnO_6/La_2CoMnO_6 超晶格铁电性的根源。

根据现代极化理论[83, 84]，两种不同绝缘态的宏观极化态的改变可以被视为一个多体波函数初态和末态的相位差，即传统的 Berry Phase 差。在晶体中，总的极化值 ΔP 主要由离子和电子两部分的贡献组成，具体可以表示为式（4.1）。

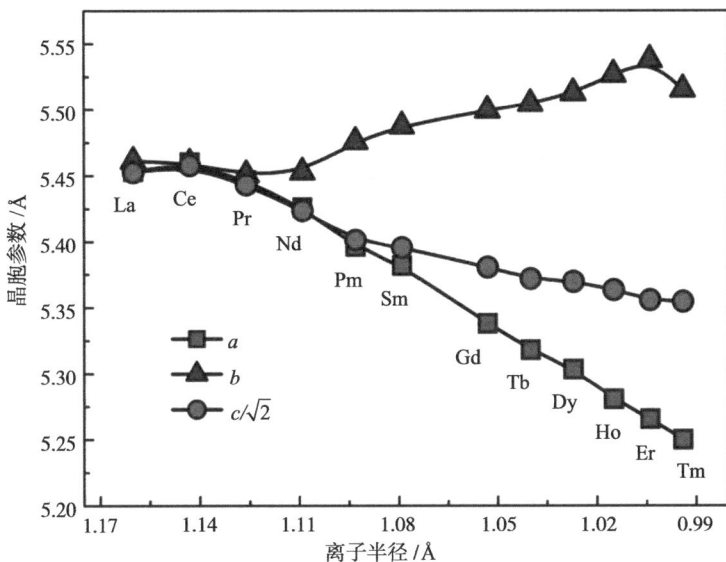

（a）R_2CoMnO_6/La_2CoMnO_6 超晶格的平衡晶格数

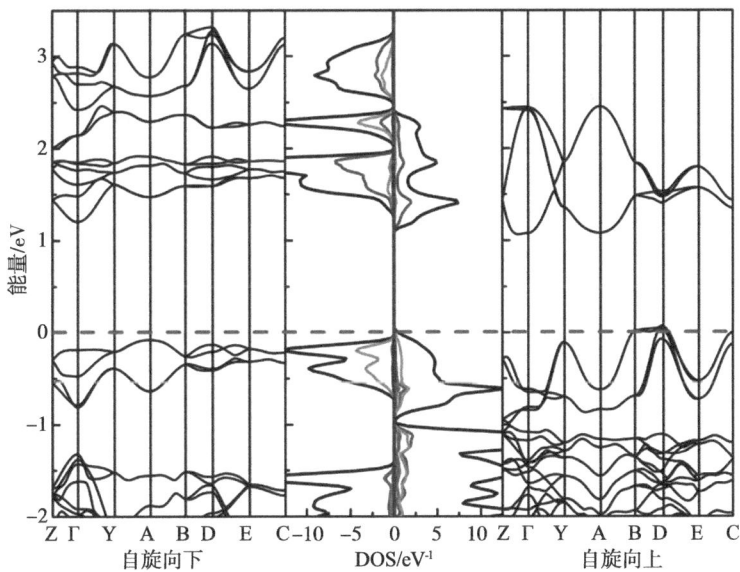

（b）La_2CoMnO_6 的能带和态密度图

图 4.2 晶胞参数、能带及态密度（费米能级设为 0 eV）

$$\Delta P = \Delta P_{ele} + \Delta P_{ion} \tag{4.1}$$

其中，ΔP_{ele} 表示电子项的贡献，ΔP_{ion} 代表离子项的贡献。特别地，铁电材料的自发极化大小可以通过计算铁电态与顺电态（以合适的对称中心作为参考）之间的极化差值来确定。在铁电自发极化的计算中，Berry Phase 是以 2π 为一个周期的，因此计算得到的铁电极化值也存在周期性变化。当选择一个基矢来描述一个无限周期性结构时，极化值可能具有多值性。当一个占据态的中心电荷从一个单胞转移到另一个单胞时，对应于极化值的一个模量变化，如图 4.3 所示。这种变化引入了极化量子的概念，用于分析铁电材料的极化特性。极化量子的定义如下[85]：

$$\Delta\vec{P}_0^i = \frac{fe}{\Omega}\vec{a}_i \tag{4.2}$$

式（4.2）中，e 代表电子电量；$\vec{a}_i$ 表示原胞的晶格矢量（$i = 1, 2, 3$）；Ω 代表原胞的体积；f 代表自旋简并因子，对于自旋极化体系，$f = 1$，对于非自旋极化体系，$f = 2$。为了计算自发极化的值，必须先计算不同位置之间的铁电状态和中心对称参考态的极化值。一般而言，通过 Berry Phase 方法计算电极化值时，铁电极化值的大小应不超过极化量子。如果铁电态与中心对称参考态之间的极化差值变化小于极化量子，例如图 4.3 中 a 路径，那么，相应的极化值和极化路径就可以确定下来。如果极化差值变化大于极化量子，例如图 4.3 中 b 路径，那么，对应的极化值应该减去一个整数倍或 1/2 倍的极化量子[85, 86]。

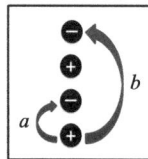

图 4.3　铁电极化路径示意图

经过结构优化，La_2CoMnO_6 体材料以顺电的 $P2_1/n$ 空间群形式存在，而 R_2CoMnO_6/La_2CoMnO_6 系列超晶格变为极化的晶体结构，采取单斜 $P2_1$ 对称性，并且具有铁磁自旋结构。$P2_1$ 是一个极化的空间群，可以发生电极化。因此，R_2CoMnO_6/La_2CoMnO_6 超晶格中可能存在自发的铁电和铁磁有序共存。在本章中，选取具有对称中心的 $P2_1/n$ 空间群的 La_2CoMnO_6 体材料作为参考态。La 和 R 离子的反极化位移与 R_2NiMnO_6/La_2NiMnO_6 超晶格相似[74]，都是沿着 b 轴方向，如图 4.1（b）所示。自发铁电极化的计算采用基于现代极化理论的 Berry Phase 方法，获得的极化值从 R = Gd 到 R = Tm 应该减去两倍的极化量子，获得的电极化与离子半径呈近似线性的关系。计算获得的 R_2CoMnO_6/La_2CoMnO_6 超晶格的电极化值均为负数，表明极化位移反平行于 b 轴。极化值的绝对值如图 4.4（a）所示。由图可见，极化值随着离子半径的减小（化学压）而逐渐增大。为了检验 Berry Phase 方法计算的自发极化（P_S）结果的准确性，我们采用点电荷模型（P_{PCM}）进行校正[87]。从图 4.4 可见，P_{PCM} 与 P_S 结果相近，仅稍低于 P_S。因此，采用 Berry Phase 方法计算的电极化值是可信的。同时，$R_2CoMnO_6/$ La_2CoMnO_6 超晶格地铁电电极化值大小从 1.87 $\mu C/cm^2$ 增大到 11.00 $\mu C/cm^2$，比之前文献报道的 R_2NiMnO_6/La_2NiMnO_6 稍高[74]，并且可以被实验检测到。值得注意的是，随着离子半径减小而逐渐增大的极化值表明，体系的极化值可以通过化学压的变化进行调控[88, 89]。

从图 4.4（b）可知，La^{3+}（δ_1）和 R^{3+}（δ_2）沿 b 轴方向的反极化位移随着离子半径的减小而逐渐增大，这与文献的结果相似[74]。La 和 R 离子的位移是产生电极化的主要因素。然而，对于 R_2CoMnO_6 体材料，尽管存在反极化位移，但仍然不具有铁电性。因此，反极化位移不是诱发铁电极化的根本因素。

图 4.4（c）给出了 b 轴方向上每种原子的平均受力情况。值得注意的是，a 轴和 c 轴方向上，晶格中任何原子的平均受力均为 0。从图中可以看出，Mn 原子的受力起主要作用，且反平行于 b 轴。同时，Mn 的受力随镧系收缩效应而逐渐增大。因此可以得到结论：La^{3+} 和 R^{3+} 离子的反极化位移促使 B 位阳离子受力不均匀。

接下来，图 4.4（d）讨论了 R_2CoMnO_6/La_2CoMnO_6 超晶格中是否存在可观的连续变化的磁化强度，从而使其具有多铁性。由图可知，体系的总磁化强度随着离子半径的减小而逐渐增大。此外，Co 离子的磁化强度变化趋势与总磁化强度一致，而 Mn 离子的磁化强度则表现出相反的趋势。因此，Co 离子的磁化强度在总磁化强度的变化趋势中起主要作用。同时，我们可以推断出，随着离子半径的减小，Co–O 之间的杂化减弱，而 Mn–O 之间的杂化增强。这种变化也反映在逐渐减小的 Co–O–Mn 键角的变化上，如图 4.5（a）所示。综上所述，结合电极化和磁化强度的分析发现，在化学压的变化下，R_2CoMnO_6/La_2CoMnO_6 超晶格的电极化和磁化强度是可调控的。

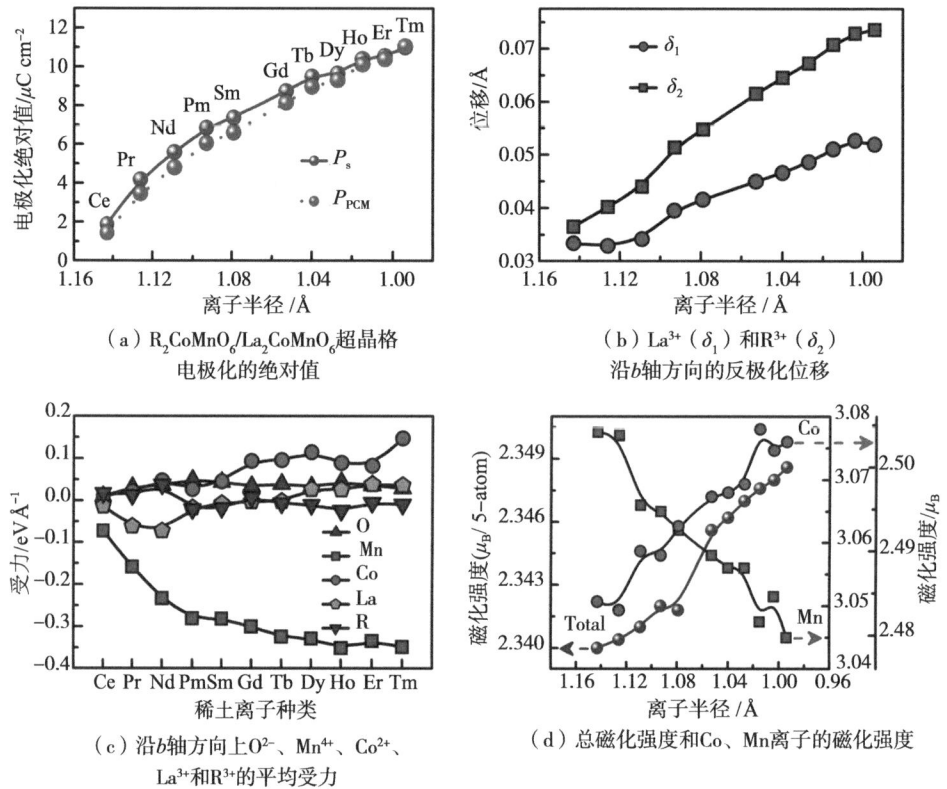

（a）R_2CoMnO_6/La_2CoMnO_6 超晶格
电极化的绝对值

（b）La^{3+}（δ_1）和 R^{3+}（δ_2）
沿 b 轴方向的反极化位移

（c）沿 b 轴方向上 O^{2-}、Mn^{4+}、Co^{2+}、
La^{3+} 和 R^{3+} 的平均受力

（d）总磁化强度和 Co、Mn 离子的磁化强度

图 4.4 R_2CoMnO_6/La_2CoMnO_6 超晶格铁电性及其影响参数

下面，我们将对磁电性引入的根本原因和微观诱导机制进行详细讨论。

众所周知，对于磁性体系，Goodenough 规则指出，超交换作用中 Co—O—Mn 键角接近 180°时，磁性相互作用最强。同时，CoO_6 和 MnO_6 八面体的倾转模式会诱发 improper 铁电。因此，Co—O—Mn 键角对于磁电性的变化较为敏感。根据图 4.5，我们用讨论键角的变化来揭示多铁性的根本原因。一方面，以 La_2CoMnO_6 为代表，晶格中铁磁有序主要来源于 Co^{2+} 和 Mn^{4+} 离子间的双交换相互作用。当 Co^{2+} 与 Mn^{4+} 离子的自旋排列为 180°时，铁磁相互作用最强。从当前的计算结果可以看出，沿 Co^{2+}–O–Mn^{4+} 路径上的铁磁相互作用随着 Co—O—Mn

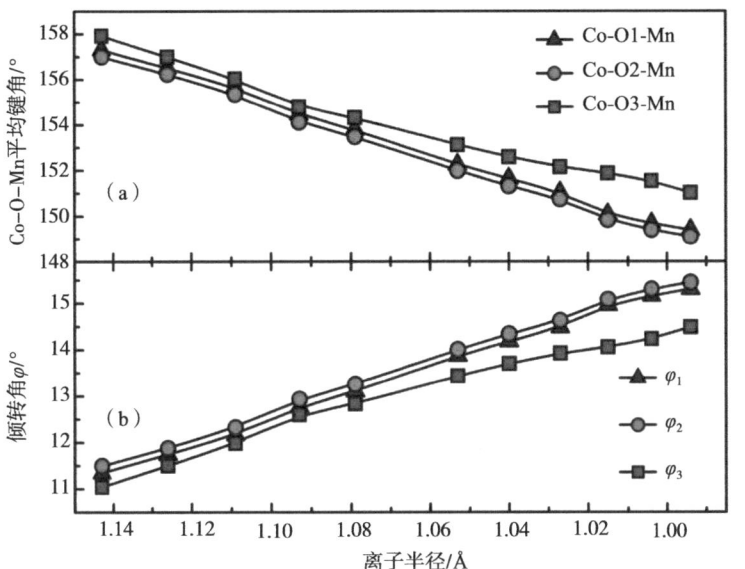

（a）R_2CoMnO_6/La_2CoMnO_6 超晶格中 Co–O–Mn 的平均键角；（b）与 CoO_6、MnO_6 八面体的倾转角变化

图 4.5　键角与倾转角的变化

键角的持续减小而减弱。这种弱铁磁相互作用与实验上观测到的从 La_2CoMnO_6 到 Lu_2CoMnO_6 的磁转变居里温度逐渐降低的现象一致[75]。另一方面，研究表明，氧八面体的倾转模式是诱发铁电极化的重要因素。根据 Glazer 的表示方法，R_2CoMnO_6/La_2CoMnO_6 超晶格采用的是 $a^-a^-c^+$ 的八面体倾转模式，与 R_2NiMnO_6/La_2NiMnO_6 的倾转模式一样[74]。在晶格中，CoO_6 和 MnO_6 八面体在 ab 平面内以相似的角度向面外倾转，而沿 c 轴方向则向面内倾转。倾转角 ψ 定义为 $\psi =$ （180–<Co–O–Mn>）/2，随着离子半径的减小而逐渐增加。因此，铁磁耦合和八面体倾转是诱发 R_2CoMnO_6/La_2CoMnO_6 超晶格磁有序和铁电极化的最根本原因和微观机理。

在结构优化后，R_2CoMnO_6/La_2CoMnO_6 超晶格的空间群变为极化的 $P2_1$ 对称性。为了解释磁电性的微观机理，图 4.6 分析了晶格中所有的 Co–O–Mn 键角。在 $P2_1$ 对称性的结构中，一共有 6 种 Co–O–Mn 键角，其中 4 种在 ab 平面内，分别为 $\alpha_1,\alpha_{1'},\alpha_2$ 和 $\alpha_{2'}$。其余 2 种在 c 轴方向上，分别为 α_3 和 $\alpha_{3'}$。从图 4.6（c）可以清晰地看出，ab 平面内的 4 种键角非常相似，而 c 轴方向上的 α_3 和 $\alpha_{3'}$ 键角差距很大。此外，在 La 层的 a_3 几乎不变，而在 R 层的 $a_{3'}$ 则随着离子半径的减小逐渐下降。因此可以得出结论：在化学压的作用下，沿 c 轴方向上 La 层和 R 层 Co–O–Mn 键角的差距逐渐增大，导致了逐渐增大的 BO_6 八面体倾转，引入了磁电性。综上所述，加化学压后，R_2CoMnO_6/La_2CoMnO_6 超晶格多铁性的微观机理可总结如下：由于镧系收缩效应，不同稀土离子的替代促进了 BO_6 八面体的倾转的增大，主要作用在沿 c 轴方向上 R 层内 Co–O3–Mn 键角的下降，导致稀土离子沿 b 轴方向反极化位移的增加。

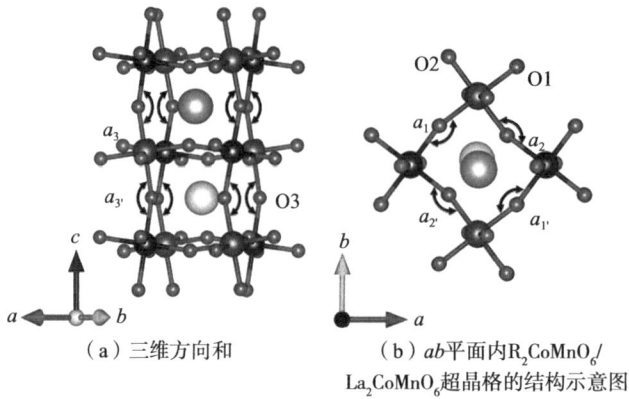

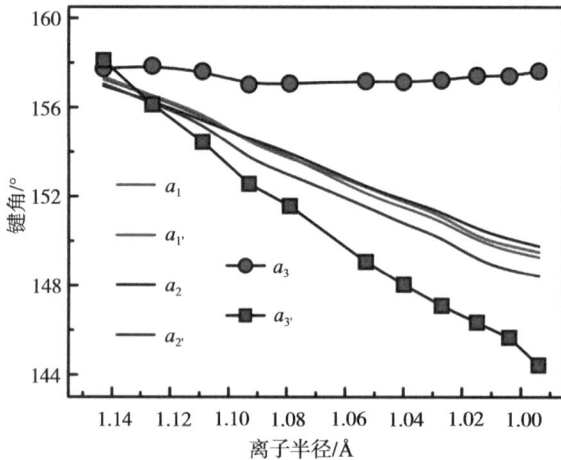

（a）三维方向和

（b）ab 平面内 $R_2CoMnO_6/$
La_2CoMnO_6 超晶格的结构示意图

（c）晶格中 6 种类型的 Co–O–Mn 键角

图 4.6　键角分析

4.2.2 静水压及微观机理

为了进一步揭示压力对磁电性能的影响，我们在 Gd_2CoMnO_6/La_2CoMnO_6 超晶格中外加了静水压。具体方法如下：在 R_2CoMnO_6/La_2CoMnO_6 超晶格结构优化后，我们获得了 11 个不同的体积（从 Ce 到 Tm）；然后，在固定晶胞体积的情况下，将 R 离子用 Gd 离子替代，这样就相当于对 Gd_2CoMnO_6/La_2CoMnO_6 超晶格进行了一系列的拉伸和压缩；接下来，对这 11 个超晶格进行优化，静态自洽计算后得到相对应的总能和压力；最后，选择原始的 Gd_2CoMnO_6/La_2CoMnO_6 超晶格作为参考，那么所谓的静水压就等价于这 11 个超晶格的压力减去 Gd_2CoMnO_6/La_2CoMnO_6 超晶格的原始压力。采用这种方法，化学压和静水压就形成了一一对应的关系。

图 4.7 显示了在 Gd_2CoMnO_6/La_2CoMnO_6 超晶格上施加静水压后，归一化的晶胞参数的变化趋势。对应的静水压值也列于图中。研究发现，对于轻稀土离子，其离子半径小于 Gd 离子，得到的静水压为负值；而对于重稀土离子，其离子半径大于 Gd 离子，得到的静水压为正值。Gd_2CoMnO_6/La_2CoMnO_6 原始超晶

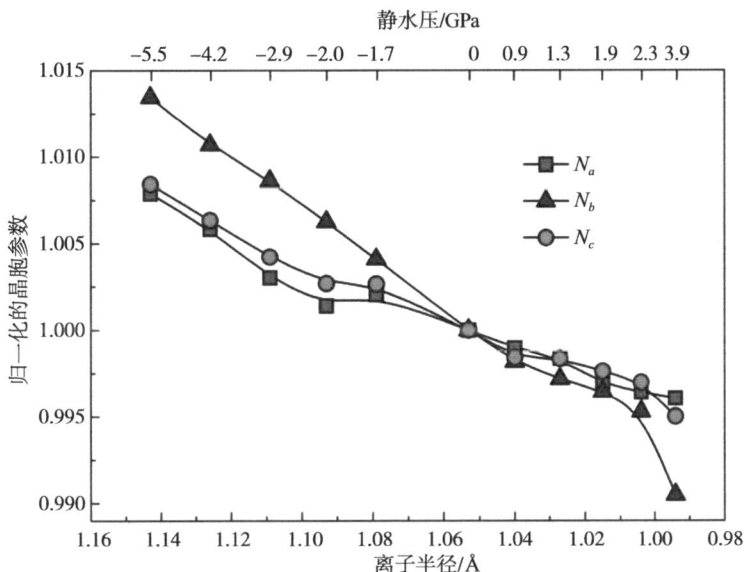

图 4.7 Gd_2CoMnO_6/La_2CoMnO_6 超晶格加静水压后，归一化的晶胞参数变化趋势

格的静水压为 0。由图 4.7 可见，随着静水压逐渐增大，所有的晶胞参数均单调下降。这与化学压的影响明显不同。在不同 R 离子替代后，化学压使晶胞参数 b 的值先增大后减小。

电极化、磁化强度、归一化的反极化位移与静水压的函数关系如图 4.8 所示。与图 4.4 比较后发现，化学压和静水压都能提高体系的电极化，而磁化强度和反极化位移具有不同的变化趋势。具体而言，随着静水压的逐渐增大，体系的磁化强度几乎保持不变，而反极化位移则微弱下降。因此可以推断，对于静水压，反极化位移并不是电极化增加的根本原因。

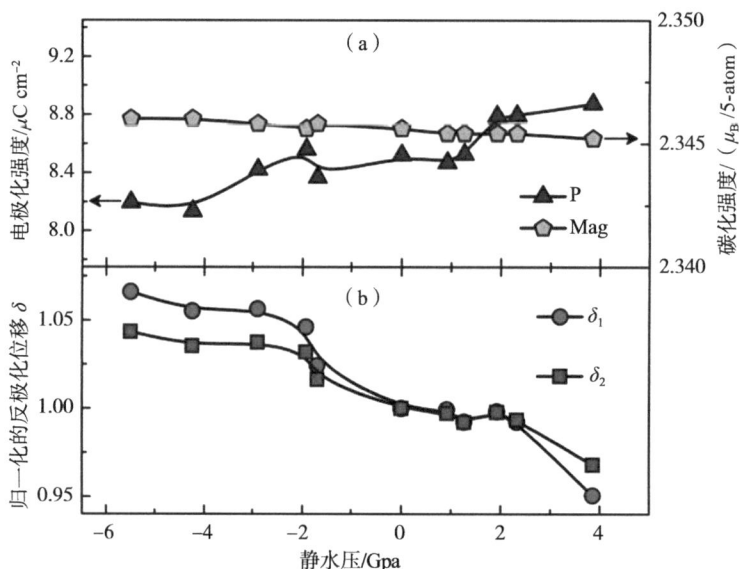

（a）电极化和磁化强度的变化趋势；（b）沿 b 轴方向上归一化的反极化位移的变化趋势

图 4.8　Gd_2CoMnO_6/La_2CoMnO_6 超晶格加静水压后

从前面的讨论我们知道，Co-O-Mn 键角对磁电性能的影响至关重要。为了确定静水压的作用，加静水压后 Gd_2CoMnO_6/La_2CoMnO_6 超晶格中 Co-O-Mn 键角的改变如图 4.9 所示。由图 4.9 可知，Co-O-Mn 的平均键角随着静水压的增大而稍微增加，这与加化学压后 Co-O-Mn 键角的变化趋势相反。为了确定静水压对每个 Co-O-Mn 键角的作用，图 4.9（b）给出了晶胞中 6 种 Co-O-Mn 键角的变化。在比较了化学压和静水压后，材料中磁电性能机理更加清晰。这里总结了 3 点不同之处：第一，化学压引起的 Co–O–Mn 键角的变化幅度比静水压大；第二，沿 c 轴方向上 a_3 和 $a_{3'}$ 的差距随着化学压的增加而逐渐增大，而在静水压下这个差距几乎没改变；第三，化学压只对 c 轴方向上 R 层的 Co–O3–Mn 键角起作用，而静水压对所有方向上的 Co–O–Mn 键角都起作用。换言之，静水压是从 3 个方向作用于 Gd₂CoMnO₆/La₂CoMnO₆ 超晶格上，以致 Co–O–Mn 键角的改变相对较小，因此静水压引起的八面体倾转也比化学压小，导致电极化和磁化强度的改变相对缓慢。

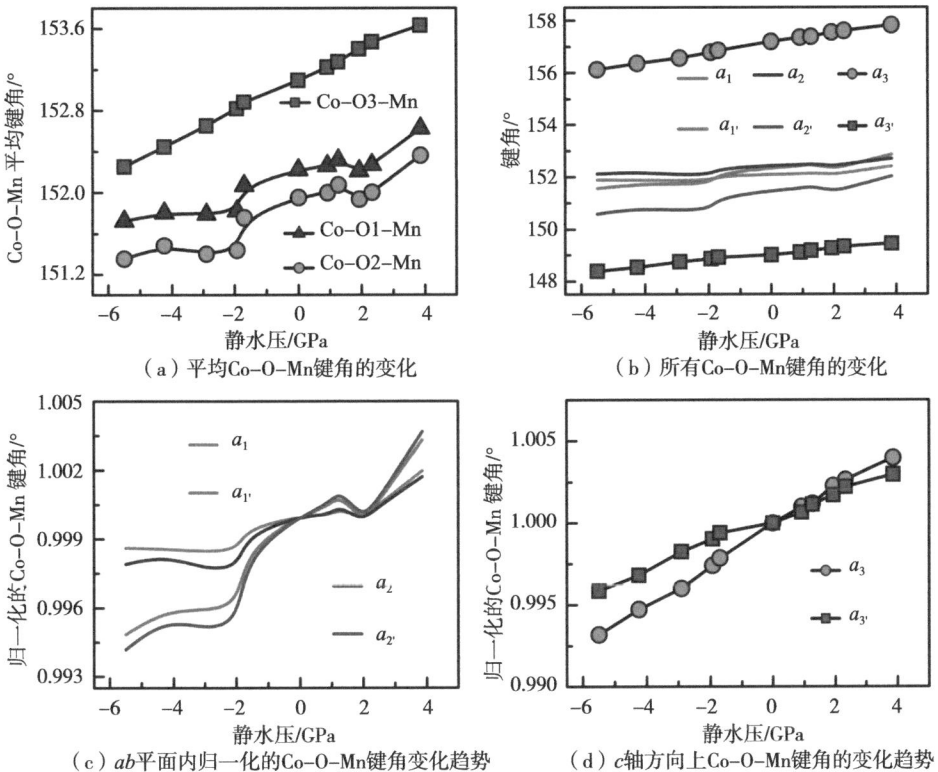

（a）平均Co–O–Mn键角的变化　　（b）所有Co–O–Mn键角的变化

（c）ab平面内归一化的Co–O–Mn键角变化趋势　　（d）c轴方向上Co–O–Mn键角的变化趋势

图 4.9　Gd₂CoMnO₆/La₂CoMnO₆ 超晶格加静水压后相关参数变化

结合图 4.7 和图 4.8，值得注意的是，晶格中引入静水压，晶胞参数、电极化和反极化位移曲线上在 –2.0 GPa 和 2.0 GPa 左右出现了 2 个拐点。由图 4.9（c）和图 4.9（d）可知，在 ab 平面内 Co–O–Mn 键角在 –2.0 GPa 和 2.0 GPa 左右也出现了2个拐点，而沿 c 轴方向上 Co–O–Mn 键角几乎是一条直线。因此，明显地，外加静水压后，这些磁电性能的改变主要来源于 ab 平面内 Co–O–Mn 键角的变化。

综上所述，化学压对 R_2CoMnO_6/La_2CoMnO_6 超晶格磁电性的影响比静水压的大，静水压只能微弱地调节铁电和铁磁性能。静水压下，呈线性变化的晶胞参数导致了相对较小的 Co–O–Mn 键角和 BO_6 八面体倾转的变化。然而，化学压会导致较大的 Co–O–Mn 键角改变和 BO_6 八面体倾转。因此，材料的多铁性能会呈现较大的差异。

4.3　本章小结

本章采用第一性原理计算揭示了 R_2CoMnO_6/La_2CoMnO_6 超晶格同时具有铁电性和铁磁性。研究证明，在阳离子有序的超晶格中，CoO_6 和 MnO_6 八面体倾转和铁磁耦合是诱导铁电和铁磁性的充分必要条件。此外，化学压使晶格中的铁电和铁磁性可调控。同时，静水压对超晶格的磁电性能影响微弱。化学压和静水压最明显的差距在于对晶胞参数的影响，进而导致八面体倾转程度不同，最终导致多样的多铁行为。

第 5 章

LaCu$_3$Fe$_4$O$_{12}$ 负热膨胀材料中压力诱导的磁性、电荷以及自旋态的转变

A 位有序的四层钙钛矿 ACu$_3$Fe$_4$O$_{12}$，因具有反铁磁性、铁磁性、负热膨胀以及其他物理特性，并且对温度、压力、化学组成以及外加电场等外界条件很敏感而受到广泛关注[90-94]。这些物理化学性质本质上都与 ACu$_3$Fe$_4$O$_{12}$ 中 Fe 和 Cu 离子的电荷转移/不均匀分布以及自旋态的转变密切相关。例如，在 LaCu$_3$Fe$_4$O$_{12}$ 中，存在温度诱导的电荷转移过程（3Cu^{3+}+4Fe^{3+} → 3Cu^{2+}+4Fe$^{3.75+}$）[95, 96]，而在 BiCu$_3$Fe$_4$O$_{12}$ 中，会发生从反铁磁到铁磁相的转变[97, 98]，同时伴随着晶胞体积或金属 – 氧键长的突变。这些不连续的变化通常源自外界条件的微弱刺激。在突变点上精确控制温度或压力，可以揭示导致物理性能变化的微观机理。本工作的目的是给出一个明确的描述：压力驱使的电子结构和自旋态的转变，以及这些转变与磁性和负热膨胀性能的关系。

与温度条件相似，压力能够诱导价态、磁性以及相转变。实验上，塞达（Seda）和赫恩（Hearne）在研究钛铁矿 FeTiO$_3$ 时发现了压力引发的原子间电荷转移：Fe^{2+}+Ti^{4+} → Fe^{3+}+Ti^{3+}[99]，并且当压力从大气压增加到 2 GPa 时，Fe^{3+}/Fe^{2+} 的比例呈现快速增大。对于 ACu$_3$Fe$_4$O$_{12}$ 类型的氧化物，温度和压力驱使的相转变已经在 CaCu$_3$Fe$_4$O$_{12}$[100, 101]、SrCu$_3$Fe$_4$O$_{12}$[93, 94]、LnCu$_3$Fe$_4$O$_{12}$（Ln 为稀土离子）[102, 103] 以及 BiCu$_3$Fe$_4$O$_{12}$[91, 98] 中被观察到。然而，从理论上研究压力对价态和磁性转变的影响的报道较少，特别是针对 LaCu$_3$Fe$_4$O$_{12}$ 氧化物的。因此，通过理论计算研究 LaCu$_3$Fe$_4$O$_{12}$ 中压力对电荷转移和自旋态的影响具有重要的研究价值和意义。

实验中，$LaCu_3Fe_4O_{12}$ 在奈尔温度（$T_N = 393$ K）处发生一系列一级转变，包括绝缘体到金属转变、反铁磁到顺磁的转变以及同构相的转变，同时伴随着负热膨胀行为和体积的不连续变化[90,104]。这些观测结果表明，在 $LaCu_3Fe_4O_{12}$ 中，本征的 Fe 磁长程有序并非磁性和电荷转移的驱动力，而是由温度决定的。类似地，压力也能够刺激电荷转移和自旋态翻转。为了确定外加压力后相转变的微观机理，山田（Yamada）等人[103]系统地合成了一系列 $LnCu_3Fe_4O_{12}$（Ln 为稀土离子）钙钛矿。值得注意的是，由于镧系收缩效应，不同稀土离子的替代相当于在晶格中引入化学压。因此，在 100 K 时观测到的相转变来源于不同化学压引入 $LaCu_3Fe_4O_{12}$ 晶格。随后，礼赞伊（Rezaei）等人[105]通过密度泛函理论计算研究了 $LnCu_3Fe_4O_{12}$ 系列化合物电荷转移 / 不均匀分布的机理，揭示了自旋态转变引发的原子间电荷转移（对于轻稀土离子的替代）和电荷的不均匀分布（对于重稀土离子的替代）。岛川（Shimakawa）课题组[90,106]也做了大量的工作来研究 $LaCu_3Fe_4O_{12}$ 化合物。他们发现，压力诱导使电荷发生转移，从低压相的 $LaCu^{3+}_3Fe^{3+}_4O_{12}$ 到高压相的 $LaCu^{2+}_3Fe^{3.75+}_4O_{12}$，伴随着反铁磁绝缘体到顺磁金属的转变。然而，外加压力下发生电荷转移 / 不均匀分布的电子密度和自旋翻转的过程仍然尚未揭晓。

本章介绍对压力驱使的 $LaCu_3Fe_4O_{12}$ 四层钙钛矿基态性质变化的研究。采用基于密度泛函理论的第一性原理方法，系统地计算了总能、晶体结构、电荷密度、电子态密度和磁性。此外，我们还进行了声子相关的计算，以确定其结构的稳定性和负热膨胀行为。

5.1　计算方法

本工作应用基于密度泛函理论开发出来的维也纳从头算模拟软件包（VASP）[36,78]计算了材料的平衡几何和总能。价电子和离子实之间的相互作用采用凝聚芯投影缀加波法（PAW）[37,79]。交换相关项通过固体修正的 Perdew、Burke 和 Ernzerhof（PBEsol）[38]推导的广义梯度近似 Generalized Gradient Approximate（GGA）[42]处理。此外，采用 Dudarev 等人[43]提出的将一个有效的 Hubbard–U 参数引入哈密顿，即 $U_{eff} = U-J$[107,108]，来描述 Fe 和 Cu 过渡金属离子的库仑相互作用。整个布里渊区采用 $7 \times 7 \times 7$ 的 Monkhorst–Pack 的 k 点采样法，晶体结构与原子坐标均是全部放开优化。每一种晶体结构均采用 550 eV 的平面波截断动能。每个原子受到的 Hellman–Feynman 力 $\leqslant$ 0.05 eV/Å 作为判断结构优化收敛的标准。

电子结构和磁能采用基于密度泛函理论的 WIEN2k[39] 软件包进行进一步计算。这种完全势能的线性缀加平面波（FL–LAPW）加上局域轨道（LO）的方法[40, 41] 是最精确地计算材料电子结构的方法之一。GGA+PBEsol 方法和相等的 Hubbard–U 参数也用于电子结构的计算中。另外，在所有的化合物的计算中，用于扩展波函数的平面波截断能为 7.0（RKMAX），用于扩展密度和势能的截断能为 12（GMAX）。同时，整个布里渊区采用 $7 \times 7 \times 7$ 的 Monkhorst–Pack 的 k 点采样法，布里渊区内的积分采用修正的四面体方法。电子结构自洽计算的收敛判据为电荷收敛小于 10^{-4} e。

声子的计算应用基于弛豫的密度泛函理论[109] 的方法在 VASP 软件包中实现。声子扩散计算采用 PHONOPY[110, 111] 程序包来计算声子谱和声子态密度。本章我们也采用准谐波近似（QHA）[112] 计算 $LaCu_3Fe_4O_{12}$ 的热力学性质。

5.2   结果与讨论

5.2.1   晶体结构和磁结构分析

为了确定 $LaCu_3Fe_4O_{12}$ 的基态磁结构，我们基于实验的立方 $Im\bar{3}$（No. 204）空间群，对不同磁构型的晶体结构进行优化。我们对 Fe 和 Cu 离子的 3d 轨道采用 GGA+U 方法进行校正。相比其他更加精细但耗时的计算方法，GGA+U 既简化了计算，又满足了计算精度的需求。在本章中，我们尝试在 Fe 和 Cu 的 3d 轨道上施加一系列的 U 值。通过差减法，我们将不同磁结构的总能减去在 $U_{Fe} =$ 4 eV 和 $U_{Cu} =$ 5 eV 时 G 型反铁磁构型的总能，差值列于表 5.1 中。其中，PM、FM、G_AFM、A_AFM、C_AFM 和 FerriM 分别代表顺磁、铁磁、G 型反铁磁、A 型反铁磁、C 型反铁磁和亚铁磁。

由表 5.1 可知，Fe 离子采用 G 型反铁磁自旋排列能量最低，这是 $LaCu_3Fe_4O_{12}$ 的基态磁结构。这与相关实验和理论计算的结果一致[103, 113, 114]。有趣的是，在 U_{Fe} = 4 eV 和 U_{Cu} = 5 eV 时，G 型反铁磁构型是最稳定的，对应的晶胞参数也与实验得出的最为接近[106]。因此，我们采用 G 型反铁磁结构，且 U_{Fe} = 4 eV 和 U_{Cu} = 5 eV 来计算 $LaCu_3Fe_4O_{12}$ 的基态性质。同时，值得注意的是，几何优化后，由于 B 位 Fe 离子自旋相反的排列，$LaCu_3Fe_4O_{12}$ 的自旋结构自发地变为 $Pn\bar{3}$（No. 201）空间群。然而，其晶体结构空间群没有改变，仍然是 $Im\bar{3}$（No. 204）。

表 5.1　$LaCu_3Fe_4O_{12}$ 中不同磁结构的总能差

总能差和晶胞参数	U_{Fe}，U_{Cu}/eV					
	4.0，5.0	4.0，6.0	4.0，7.0	5.0，6.0	5.0，7.0	6.0，7.0
ΔE_{PM}/eV	14.00	15.75	17.50	22.31	24.02	30.13
ΔE_{FM}/eV	2.05	2.39	3.64	5.77	7.49	9.53
ΔE_{G_AFM}/eV	0	1.81	3.55	4.39	6.13	8.38
ΔE_{A_AFM}/eV	0.96	2.69	4.09	5.23	7.21	9.10
ΔE_{C_AFM}/eV	0.46	2.61	4.16	4.79	6.53	8.72
ΔE_{FerriM}/eV	1.04	2.39	3.64	5.99	7.23	9.52
a_{G_AFM}/Å	7.37	7.36	7.36	7.36	7.35	7.35

立方 $LaCu_3Fe_4O_{12}$ 的两种磁结构如图 5.1 所示。图 5.1（a）展示了 Fe_{up} 和 Fe_{dn} 的 G 型反铁磁排列，图 5.1（b）展示了 Fe_{up} 和 Cu_{dn} 的亚铁磁耦合排列。在这两种对称性下，Fe 离子位于倾斜的 FeO_6 八面体中心，而 Cu 离子位于 CuO_4 的四面体配位中心。

我们首先研究 G 型反铁磁构型的平衡几何。最优几何采用 Birch–Murnaghan 方程[115, 116]拟合后得到较为合理的结果。拟合后的晶胞参数为 7.3736 Å，如图 5.2 所示。为了确定平衡结构的稳定性，必须保证没有声子虚频的出现[117]。因此，我们在最优几何下进行了声子计算。沿简单立方布里渊区高对称点方向上的声子扩散曲线如图 5.2 插图所示。声子谱中一共有 120 个声子分支，因为 $LaCu_3Fe_4O_{12}$ 晶胞中一共有 40 个原子。声子谱中并没有虚频出现，说明 $LaCu_3Fe_4O_{12}$ 基态以 G 型反铁磁构型稳定存在。

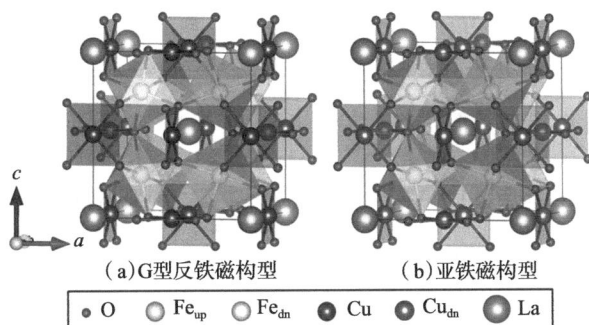

（a）G型反铁磁构型　　　　　（b）亚铁磁构型

● O　● Fe_{up}　● Fe_{dn}　● Cu　● Cu_{dn}　● La

图 5.1　$LaCu_3Fe_4O_{12}$ 的磁结构示意

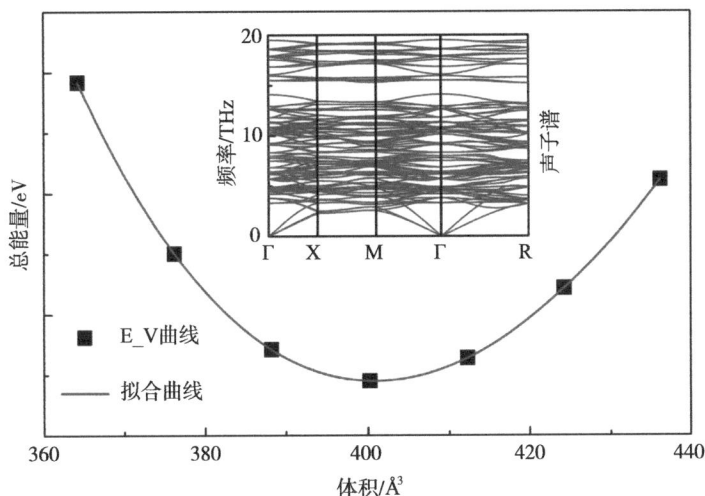

图 5.2　Birch-Murnaghan 方程拟合后 $LaCu_3Fe_4O_{12}$ 的最优体积

我们将 $LaCu_3Fe_4O_{12}$ 的平衡体积（$100\%V$）压缩至 $78\%V$ 和拉伸至 $110\%V$，在晶胞中引入静水压。对应的体积、晶胞参数、压力、结构对称性和磁性的改变列于表 5.2 中。有趣的是，在 0 K 时，当压缩 $LaCu_3Fe_4O_{12}$ 平衡体积至 $82\%V$ 以下时，晶体结构发生相转变，从经历了从 $Im\bar{3}$（No. 204）转变为更低对称性的 $Pn\bar{3}$（No. 201）相。此外，当压缩 $LaCu_3Fe_4O_{12}$ 平衡体积至 $90\%V$ 以下时，发生从 G 型反铁磁到亚铁磁态的转变，如表 5.3 和表 5.4 所示。事实上，这是首次在 $LaCu_3Fe_4O_{12}$ 晶胞中发现亚铁磁基态。为了确定磁转变点，我们在表 5.4 中列出了每个体积百分比的两种磁结构的总能。结合表 5.3 和表 5.4 可知，磁转变发生在压缩平衡体积至 $90\%V$。同时，在 $89\%V$ 到 $80\%V$ 区间内，亚铁磁结构可以稳定存在。除此之外，在拉伸晶胞后，磁结构并没有发生相转变。因此，接下来的分析只针对压缩晶胞进行讨论。

表 5.2　拉伸和压缩 $LaCu_3Fe_4O_{12}$ 的平衡体积后晶胞的体积、晶胞常数、
压力、空间群和磁性的变化

体积百分比	体积 /$Å^3$	晶格参数 /$Å$	静水压 /GPa	空间群	磁结构类型
$110\%V$	440.99	7.61	−15.36	$Im\bar{3}$（No. 204）	G_AFM
$108\%V$	432.97	7.57	−12.90	$Im\bar{3}$（No. 204）	G_AFM
$106\%V$	424.95	7.52	−10.20	$Im\bar{3}$（No. 204）	G_AFM
$104\%V$	416.94	7.47	−7.38	$Im\bar{3}$（No. 204）	G_AFM
$102\%V$	408.92	7.42	−3.89	$Im\bar{3}$（No. 204）	G_AFM
$100\%V$	400.90	7.37	0.00	$Im\bar{3}$（No. 204）	G_AFM
$98\%V$	392.88	7.32	4.20	$Im\bar{3}$（No. 204）	G_AFM
$96\%V$	384.86	7.27	8.90	$Im\bar{3}$（No. 204）	G_AFM
$94\%V$	376.85	7.22	14.11	$Im\bar{3}$（No. 204）	G_AFM
$92\%V$	368.83	7.17	19.83	$Im\bar{3}$（No. 204）	G_AFM
$90\%V$	360.81	7.12	26.24	$Im\bar{3}$（No. 204）	G_AFM
$88\%V$	352.79	7.07	28.07	$Im\bar{3}$（No. 204）	FerriM
$86\%V$	344.77	7.01	35.51	$Im\bar{3}$（No. 204）	FerriM
$84\%V$	336.76	6.96	43.78	$Im\bar{3}$（No. 204）	FerriM
$82\%V$	328.74	6.90	53.77	$Im\bar{3}$（No. 204）	FerriM
$80\%V$	320.72	6.85	63.96	$Pn\bar{3}$（No. 201）	FerriM
$78\%V$	312.70	6.79	75.56	$Pn\bar{3}$（No. 201）	FerriM

表 5.3　拉伸和压缩 $LaCu_3Fe_4O_{12}$ 晶胞后各种磁结构的总能

体积百分比 /$V\%$	110%	100%	90%	80%
E_{PM}/eV	−157.03	−165.53	−165.54	−161.01
E_{FM}/eV	−176.13	−177.48	−176.43	−166.21

续表

体积百分比 /V%	110%	100%	90%	80%
$E_{\text{G\_AFM}}$/eV	−177.45	−179.53	−176.55	−164.45
$E_{\text{A\_AFM}}$/eV	−176.65	−178.57	−175.72	−165.13
$E_{\text{C-AFM}}$/eV	−177.08	−179.07	−175.80	−164.76
E_{FerriM}/eV	−176.13	−178.49	−176.46	−166.22

表 5.4　G 型反铁磁和亚铁磁构型的总能变化（压缩 LaCu₃Fe₄O₁₂ 晶胞
从 89%V 到 85%V 时）

体积百分比 /V%	89%	88%	87%	86%	85%
$E_{\text{G\_AFM}}$/eV	−175.85	−175.06	−174.17	−173.19	−172.09
E_{FerriM}/eV	−175.89	−175.23	−174.47	−173.63	−172.68

在 $LaCu_3Fe_4O_{12}$ 的磁转变过程中，压力诱导的 Cu–O 和 Fe–O 键长变化显著，如图 5.3 所示。在磁转变点处，Fe–O 键长快速下降，随后持续下降；而 Cu–O 键长则先突然增加，随后下降。这种现象与温度依赖的 Cu–O 和 Fe–O 键长的变化相似[102]。同时，键长的变化也会促使价态转变，Cu 离子还原，Fe 离子氧化，因为压力促使过渡金属 – 氧键上的压力弛豫，引起 Cu–Fe 之间的电荷转移。近邻 Fe–O 距离的急剧下降可以推断出 FeO_6 八面体发生强畸变，体现在增加的 <Fe–O–Fe> 平均键角上，如图 5.3（b）所示。G 型反铁磁有序和亚铁磁耦合的转变就是来源于 <Fe–O–Fe> 和 <Fe–O–Cu> 平均键角的改变。

另外，采用不同稀土离子替代 $LaCu_3Fe_4O_{12}$ 晶胞中的 La 离子，引入化学压。计算结果如图 5.3 矩形虚线框内的圆球所示。我们发现，化学压促使 Fe–O 键长下降，而 Cu–O 键长几乎保持不变。此外，基态 <Fe–O–Fe> 平均键角稍微增加。这种通过理论预测的微观原子结构变化趋势与实验报道相一致[103]。然而，与实验报道的不同稀土离子替代后可观测到相转变（100 K）不同，我们从理论上（0 K）发现化学压并不能促使相转变的发生。因此，可以认为，在不考虑温度的情况下，由于镧系收缩效应而引入的化学压并不足够强到使 $LaCu_3Fe_4O_{12}$ 晶胞发生磁转变。

综上所述，足够的静水压能够诱导晶体结构相转变，驱使 G 型反铁磁有序向亚铁磁耦合转变，这些转变归因于原子结构中金属 – 氧键长和键角发生不连续的变化。

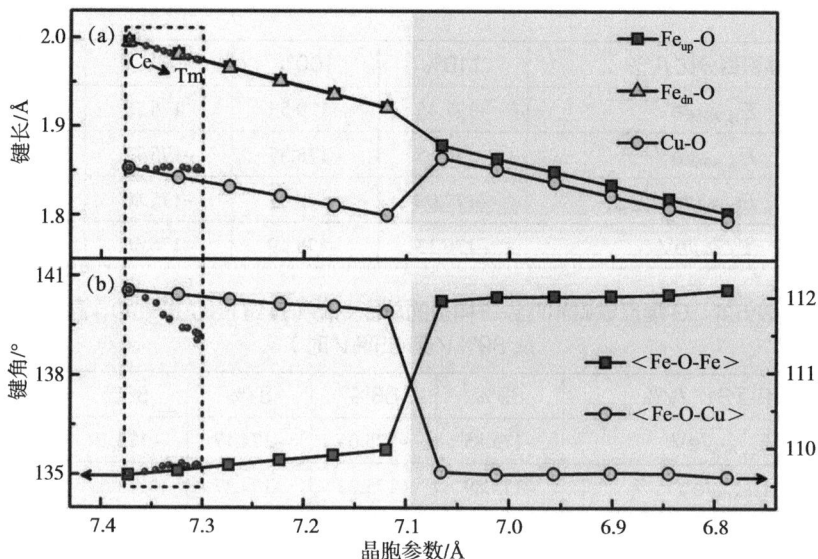

图 5.3　压缩的晶胞参数与过渡金属－氧键长（a）和键角（b）的变化关系曲线。矩形虚线框内的球代表的是化学压对键长和键角的影响

5.2.2　压力诱导的电荷转移 / 不均匀分布

通过前面对晶体结构和磁结构的分析，在外加静水压后，根据磁结构的不同，我们将 $LaCu_3Fe_4O_{12}$ 分两组进行分析。第一组是 G 型反铁磁构型，晶胞体积范围为 $100\%V \sim 90\%V$。另一组是亚铁磁耦合构型，晶胞体积范围是 $88\%V \sim 78\%V$。为了澄清从 G 型反铁磁态到亚铁磁态转变的电荷转移过程，我们进行了电荷密度的分析。

图 5.4 给出了不同压缩体积的（110）晶面的电荷密度差。对于平衡体积下的 G 型反铁磁构型，如图 5.4（b）所示，Fe_{up} 和 Fe_{dn} 在（110）晶面内有序排列，并且与未占据的 Cu $3d_{xy}$ 轨道（四片花瓣形）直接杂化，这使得在外界刺激下可能发生原子间电荷转移。比较图 5.4（a）和图 5.4（b）可以发现，当晶胞膨胀时，Fe 与 Cu $3d_{xy}$ 之间的杂化增强。然而，当压缩体积至 $90\%V$ 时，这种轨道杂化消失，如图 5.4（c）和图 5.4（d）所示。因此，在 G 型反铁磁态，Fe 和 Cu 存在直接相互作用，且当静水压减小时，它们之间的电荷转移增加。对于亚铁磁态，Fe 3d 和 O 2p 轨道之间的相互作用克服了 Fe 与 Cu $3d_{xy}$ 轨道之间的杂化，

导致完全不同的成键特性，如图 5.4（e）～图 5.4（g）所示。文献显示[118, 119]，在 $ACu_3Fe_4O_{12}$ 晶胞中，配位空穴的产生来源于 Fe 3d 和 O 2p 的强杂化作用，这也是本工作产生配位空穴的原因，因为在分波态密度图中，Fe 3d 和 O 2p 在相同的能量区间内，并且在亚铁磁构型下呈现相似的特性，如图 5.5 所示。从图中可明显地发现，在体积压缩的过程中，Fe（3d）–Cu（3d）和 Fe（3d）–O（2p）的轨道杂化相互竞争。在 G 型反铁磁态下，主要是 Fe 3d 和 Cu 3d 轨道的杂化，而在亚铁磁构型下，主要是 Fe 3d 和 O 2p 轨道的杂化，并且随着静水压的增大，杂化强度逐渐增强。此外，当施加足够的静水压时，会出现一个电荷不均匀分布态。这种特殊的电荷行为被认为是 Fe 位附近配位空穴的局域化和不均匀分布。

图 5.4（g）显示的是当体积压缩至 $78\%V$ 时，在（110）面内 Fe 离子呈现岩盐有序的电荷排列。一般而言，Cu 离子正常倾向于 Cu^{2+} 价态，Fe 离子倾向于 Fe^{3+} 价态，基于此我们可以进一步推断，当压力增加时，Cu^{2+} 态保持不变，而部分 Fe^{3+} 转变成更高的氧化态形式，使 Fe 离子在（110）面内呈电荷有序排列。然而，这种岩盐型的电荷有序在其他晶面内并没有出现，事实上，呈现偏离 1∶1 的分布，因为在持续的压缩体积至 $80\%V$ 和 $78\%V$ 后，具有高氧化态的 Fe 离子随机分布在 $LaCu_3Fe_4O_{12}$ 晶格中。图 5.6 给出了 $80\%V$ 时，$LaCu_3Fe_4O_{12}$ 的

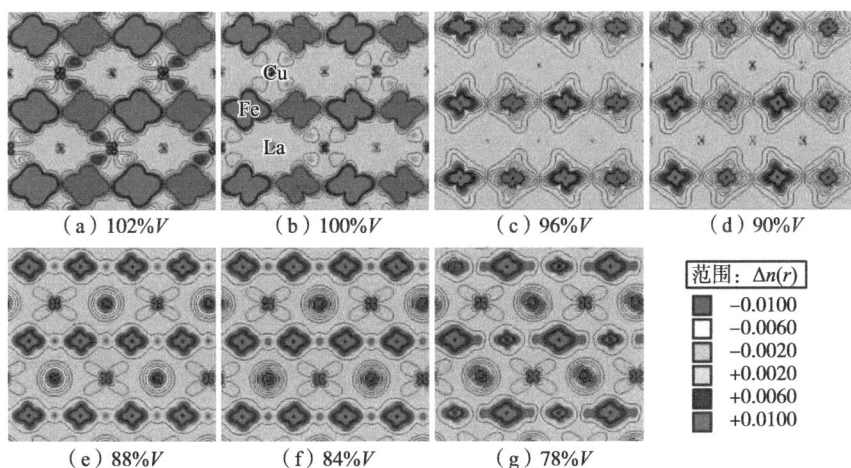

| （a）102%V | （b）100%V | （c）96%V | （d）90%V |

范围：$\Delta n(r)$	
■	−0.0100
□	−0.0060
	−0.0020
	+0.0020
▨	+0.0060
▩	+0.0100

| （e）88%V | （f）84%V | （g）78%V |

图 5.4　同一标尺下 $LaCu_3Fe_4O_{12}$ 晶胞（110）晶面的电荷密度差

（010）晶面、（110）晶面和（011）晶面的电荷密度图，由图可发现明显的电荷不均匀分布现象。因此，根据之前的讨论，当在 $LaCu_3Fe_4O_{12}$ 晶胞中施加一定的外压时，易发生 Fe–Cu 原子间电荷转移和 Fe 离子电荷的不均匀分布，伴随着 G 型反铁磁构型到亚铁磁态的转变。

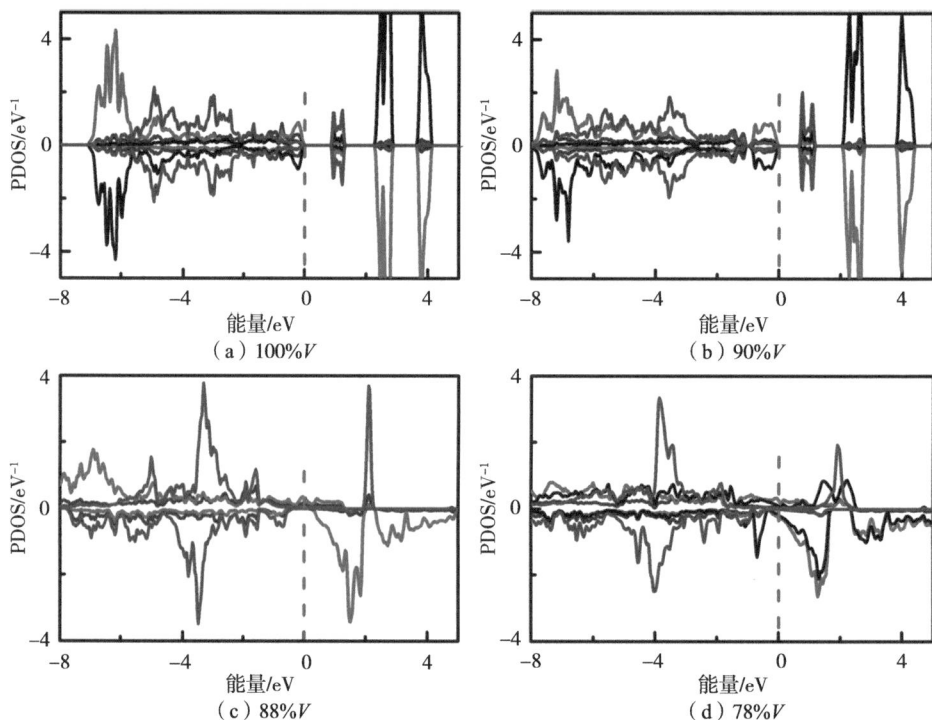

图 5.5　压缩体积时 $LaCu_3Fe_4O_{12}$ 的分波态密度图（费米能级设置为 0 eV，并用虚线表示）

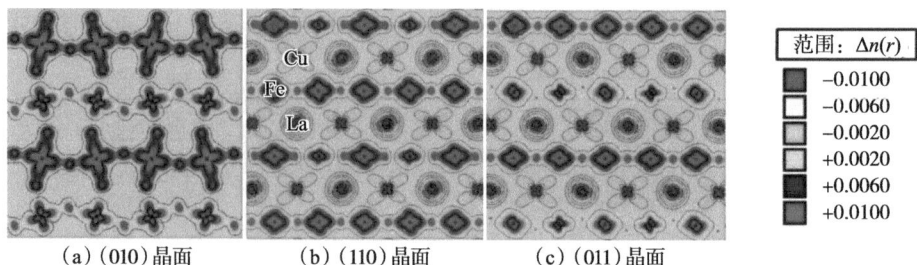

图 5.6　在 $80\%V$ 时，同一标尺下 $LaCu_3Fe_4O_{12}$ 的电荷密度差

为了进一步探索 LaCu₃Fe₄O₁₂ 晶胞内压力诱导的电荷行为机理，接下来讨论施加静水压后的电子态密度。

首先对于 G 型反铁磁构型，电子态密度显示 LaCu₃Fe₄O₁₂ 基态是典型的电荷转移型 Mott 绝缘体。图 5.7 给出了从 $100\%V$ 到 $90\%V$ 一系列的总态密度图。

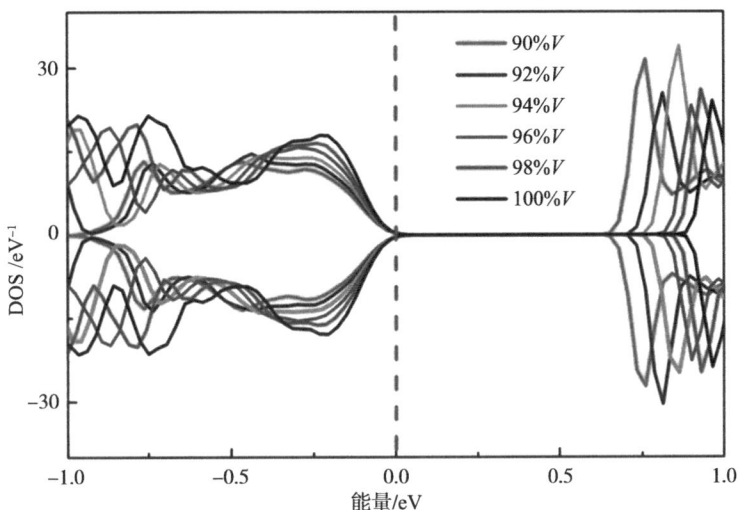

图 5.7　G 型反铁磁构型下，$100\%V$ 到 $90\%V$ 的一系列总态密度图
（费米能级设置为 0 eV，并用红色虚线表示）

由图 5.7 可知，平衡几何的带隙为 0.82 eV，与非金属的特性一致。有趣的是，随着压力的增加，带隙发生收缩，表明随着压力的增加，非金属特性减弱。为了明确从 G 型反铁磁到亚铁磁态转变的电子结构演变过程，我们比较了 $100\%V$、$90\%V$、$88\%V$ 和 $78\%V$ 的 Fe 3d 和 Cu 3d 轨道的分波态密度图，如图 5.8 ~图 5.11 所示。

对于 LaCu₃Fe₄O₁₂ 的 G 型反铁磁态，自旋向上和自旋向下的 Fe 的态密度形状相同、方向相反。如图 5.8 和图 5.9 所示，以 Fe_{up} 为例，所有自旋向上的 3d 轨道均占据在费米能级以下，而 Cu 的 3d 轨道中，除了 $3d_{xy}$ 主要占据在费米能级以上，其他轨道均占据在费米能级以下。因此，在 G 型反铁磁态下，Fe^{3+} 以 $3d^5$ 构型存在，Cu^{3+} 以 $3d^8$ 构型存在。这与文献中实验和理论计算的结论相一致[105, 106]。

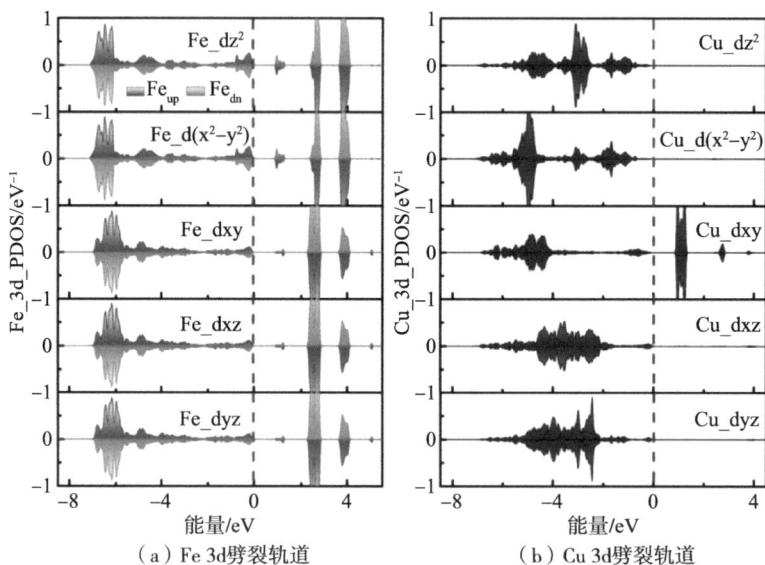

（a）Fe 3d劈裂轨道　　　　　　　　（b）Cu 3d劈裂轨道

图 5.8　100%V 时 G 型反铁磁构型的分波态密度图（费米能级设为 0 eV）

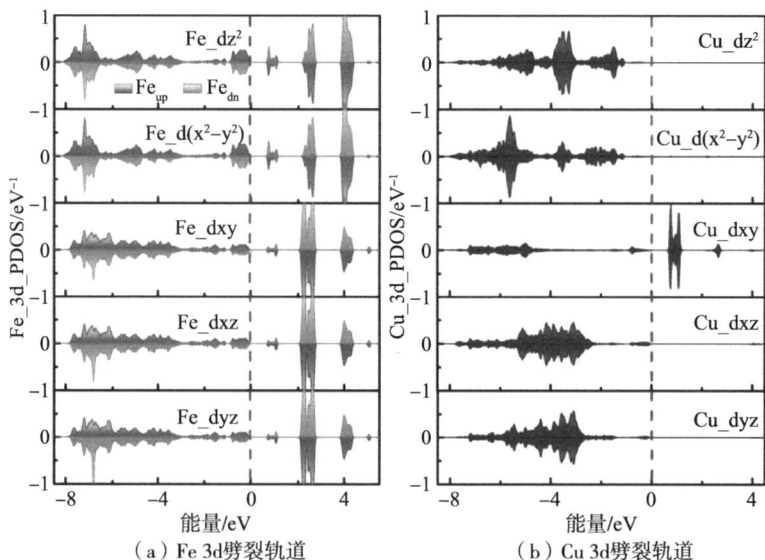

（a）Fe 3d劈裂轨道　　　　　　　　（b）Cu 3d劈裂轨道

图 5.9　90%V 时 G 型反铁磁构型的分波态密度图（费米能级设为 0 eV）

对于 $LaCu_3Fe_4O_{12}$ 的亚铁磁态，Fe 和 Cu 呈自旋反平行排列，如图 5.10 和图 5.11 所示。有趣的是，当体积从 88%V 压缩至 80%V 和 78%V 时，体系出现半金属到金属态的转变，伴随着 Fe 离子电荷的不均匀分布。比较图 5.11 中

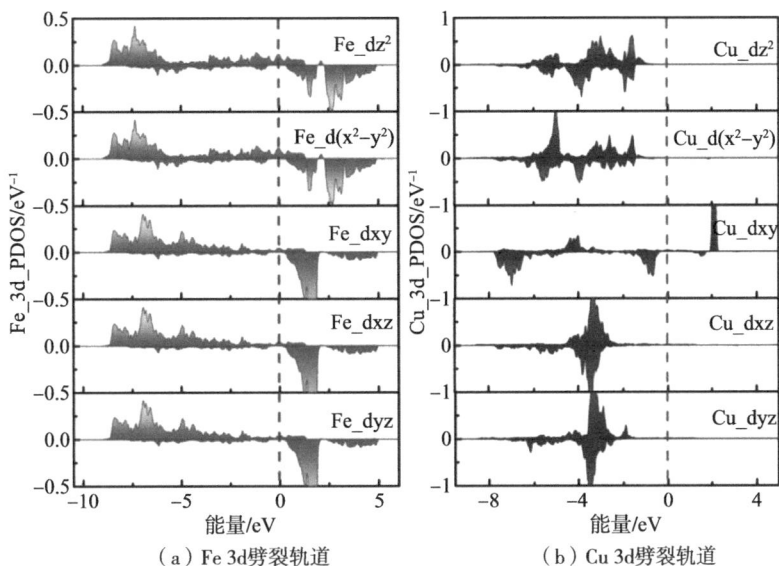

（a）Fe 3d劈裂轨道　　　　　　　（b）Cu 3d劈裂轨道

图 5.10　88%V 时亚铁磁构型的分波态密度图

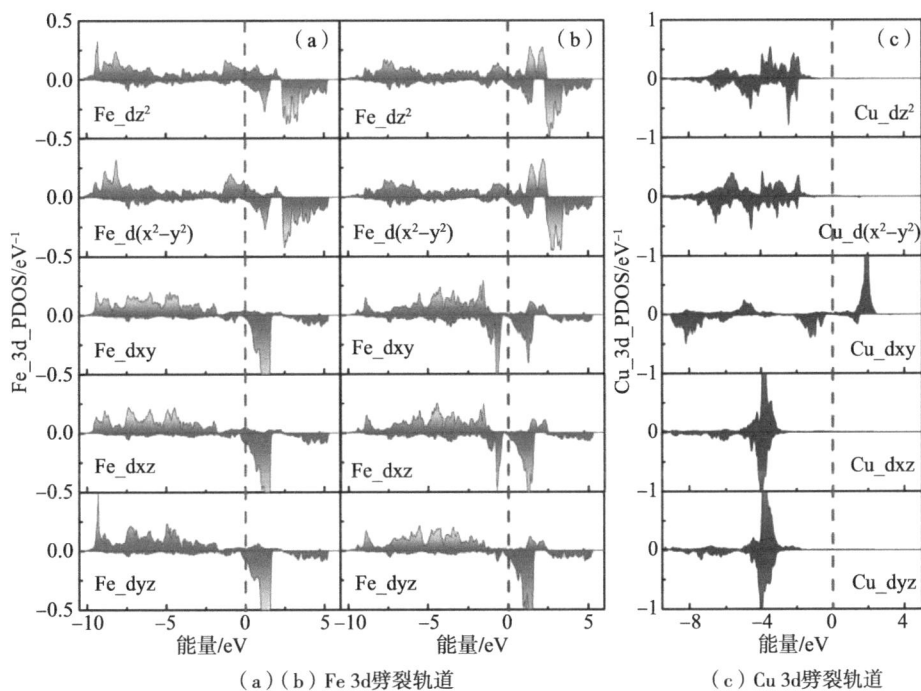

（a）（b）Fe 3d劈裂轨道　　　　　　　（c）Cu 3d劈裂轨道

图 5.11　78%V 时亚铁磁构型的分波态密度图（费米能级设为 0 eV）

（a）和（b）可明显发现，在 78%V 时，Fe 离子具有两种电荷。假如图 5.11（a）中 Fe 离子为 +3 价，那么图 5.11（a）中 Fe 离子倾向于呈 +5 价，因为 e_g 轨道失去两个电子，转移到费米能级以上。因此，结合电荷密度的分析，当体积压缩至 80%V 以下时，Fe 电荷不均匀分布可表示为 $8Fe^{3.75+} \rightarrow 5Fe^{3+}+3Fe^{5+}$，这与前面分析的晶体结构相变一致（表 5.2）。相似地，文献［120］中 $YCu_3Fe_4O_{12}$ 的亚铁磁构型也出现 $Fe^{3+}:Fe^{5+} = 5:3$ 这种岩盐型电荷有序排列。同时，电荷的转移也出现在 Cu 离子位上，因为除了自旋向上的 $3d_{xy}$ 轨道，其他 3d 轨道均占据。在亚铁磁态时，Cu^{2+} 离子以 $3d^9$ 构型存在。因此，随着静水压的增加，$LaCu_3Fe_4O_{12}$ 从 G 型反铁磁态转变为亚铁磁态，伴随着电荷转移可表达为 $4Fe^{3+}+3Cu^{3+} \rightarrow 4Fe^{3.75+}+3Cu^{2+}$，当进一步增加压力到 80%$V$ 和 78%V 时，体系出现 Fe 离子电荷的不均匀分布，可表达为 $8Fe^{3.75+} \rightarrow 5Fe^{3+}+3Fe^{5+}$。

5.2.3 压力诱导自旋态的转变

$LaCu_3Fe_4O_{12}$ 中 Fe 和 Cu 的平均磁化强度随晶胞参数的变化关系如图 5.12 所示。晶胞参数与压缩体积一一对应，如表 5.2 所示。

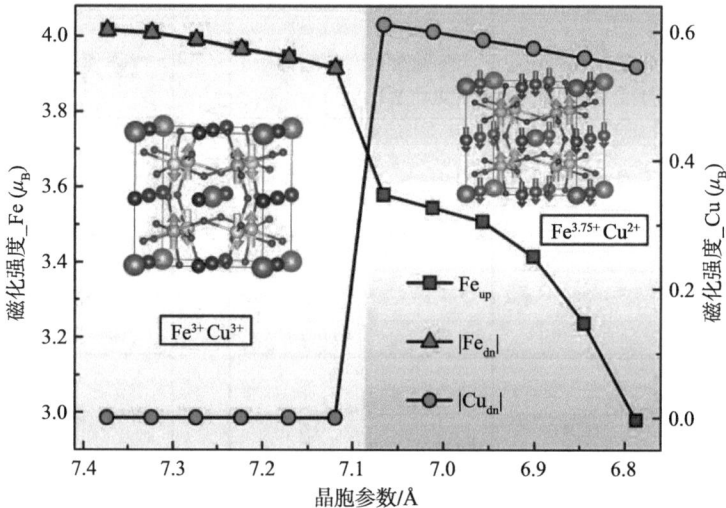

图 5.12 $LaCu_3Fe_4O_{12}$ 中 Fe 和 Cu 的平均磁化强度随晶胞参数的变化关系
（对应的磁结构在插图中显示）

由图 5.12 可见，Fe 离子的平均磁化强度在 G 型反铁磁态随着压力的增大而缓慢减小，而转变为亚铁磁态时，其磁化强度呈现突然的急剧下降。然而对于 Cu 离子，在 G 型反铁磁态时其磁化强度为 0，这也间接证明了此时的 Cu 以 $3d^8$ 构型存在。而在亚铁磁态时，自旋向下的 Cu 的磁化强度随压力增加而缓慢下降。因此，比较 Fe^{3+}（$3d^5$）Cu^{3+}（$3d^8$）和 $Fe^{3.75+}$（$3d^{4.25}$）Cu^{2+}（$3d^9$）两种磁构型的竞争是有意义的。在 G 型反铁磁态下，由于 Cu^{3+} 对磁化强度没有贡献，体系磁有序归因于 Fe^{3+}–O–Fe^{3+} 反铁磁超交换相互作用，主要反映在 <Fe-O-Fe> 的平均键角上。由图 5.3（b）可知，逐渐增加的 <Fe-O-Fe> 平均键角表明 Fe^{3+}–O–Fe^{3+} 反铁磁超交换相互作用随压力的增加而增强。然而，在亚铁磁态中，存在两种磁耦合模型的竞争：一种是类似于反铁磁的 Fe_{up}–Cu_{dn} 相互作用；另一种是类似于铁磁的 Fe^{3+}–O–Fe^{5+} 相互作用，这种相互作用来源于前面提到的 Fe 离子的电荷不均匀分布。在这种状态下，随机分布的 Fe^{5+} 离子无序地排列在 Fe^{3+}–O–Fe^{3+} 反铁磁超交换相互作用的路径上，导致短程局域的 Fe^{3+}–O–Fe^{5+} 铁磁双交换相互作用。因此，外加压力下，<Fe-O-Fe> 和 <Fe-O-Cu> 键角的变化决定了 G 型反铁磁和亚铁磁之间的磁转换。这个结论与文献报道的过渡金属 – 氧键角对磁转变起决定作用的结论相似[121]。

结合电子结构和磁性的分析，随着压力的增加，反铁磁高自旋排列的 Fe^{3+}（$S = 1/2$）先导致低压相的 $LaCu^{3+}_3Fe^{3+}_4O_{12}$ 表现为 Mott 绝缘体。然后，亚铁磁耦合的 $Fe^{3.75+}$（自旋向上）和 Cu^{2+}（$S = 1/2$，自旋向下）导致 $LaCu^{2+}_3Fe^{3.75+}_4O_{12}$ 相表现为半金属。最后，低自旋构型下形成的电荷不均匀分布的 Fe^{3+}（$S – 5/2$）和 Fe^{5+}（$S = 3/2$）导致高压相的 $LaCu^{2+}_3Fe^{3+}_{5/2}Fe^{5+}_{3/2}O_{12}$ 表现为金属。因此，静水压能够驱使 $LaCu_3Fe_4O_{12}$ 发生自旋翻转，如图 5.13 所示。在高自旋态，Fe 和 Cu 离子分别倾向于 $3d^5$ 和不寻常的 $3d^8$ 构型，当压力增加时，发生从 Fe 到 Cu $3d_{xy}$ 轨道的电荷转移，从而电子构型变化为 Fe $3d^{4.25}$ 平均态和常见的 Cu $3d^9$ 态。在低自旋态，Fe^{3+} 和 Fe^{5+} 不均匀地分布在 $LaCu_3Fe_4O_{12}$ 中。由此可推断出，当体系发生从高自旋到低自旋的转变时引起体系中 Fe 离子的电荷不均匀分布。

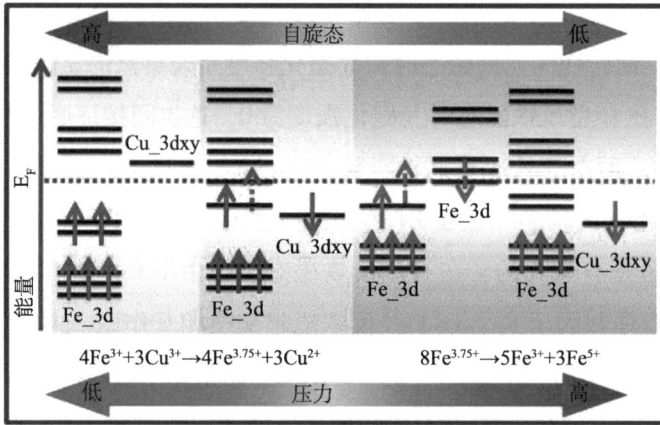

图 5.13 LaCu$_3$Fe$_4$O$_{12}$ 中低压相（LaCu$^{3+}_3$Fe$^{3+}_4$O$_{12}$）和高压相（LaCu$^{2+}_3$Fe$^{3.75+}_4$O$_{12}$ 和 LaCu$^{2+}_3$Fe$^{3+}_{5/2}$Fe$^{5+}_{3/2}$O$_{12}$）自旋态的转变示意图

5.2.4 负热膨胀行为

实验上，LaCu$_3$Fe$_4$O$_{12}$ 在奈尔温度处（T_N = 393 K）[90] 发生温度诱导的负热膨胀现象，伴随着从低温反铁磁绝缘态到 T_N 以上的顺磁金属态的转变。本工作采用 PHONOPY 程序包进行理论计算来验证其热力学行为[122]。首先，我们计算了 G 型反铁磁和亚铁磁态时一系列体积下声子态密度来评估相的稳定性。没有声子虚频表明各种体积下的结构相是稳定的，如图 5.14 所示。

同时，我们也构建了 LaCu$_3$Fe$_4$O$_{12}$ 在顺磁态下的基本模型来检验其负热膨胀特性。众所周知，顺磁结构的空间群为 $Im\overline{3}$（No. 204）。通过 Birch–Murnaghan 方程拟合和声子谱的计算得到顺磁结构下的平衡体积，如图 5.15 所示。为了计算顺磁结构的热膨胀行为，我们将最优体积压缩至 $85\%V$ 再扩大到 $115\%V$，没有声子虚频出现，如图 5.16 所示。

亥姆霍兹自由能与体积和温度的关系如图 5.17 所示。每一条黑色实线代表一个温度，温度范围为 0~800 K，间隔为 10 K。假设 390 K 为本工作的一级转变温度点（T_N），以 390 K 为间隔点分为两部分讨论。第一部分为低温区间（0~390 K），如图 5.17（a）所示，存在 G 型反铁磁和亚铁磁两种磁耦合态。第二部分为高温区间（390~800 K），如图 5.17（c）所示，为顺磁态。图 5.17（b）将图 5.17（a）和图 5.17（c）中最优体积结合在一起。明显地，在 T_N 以上和以

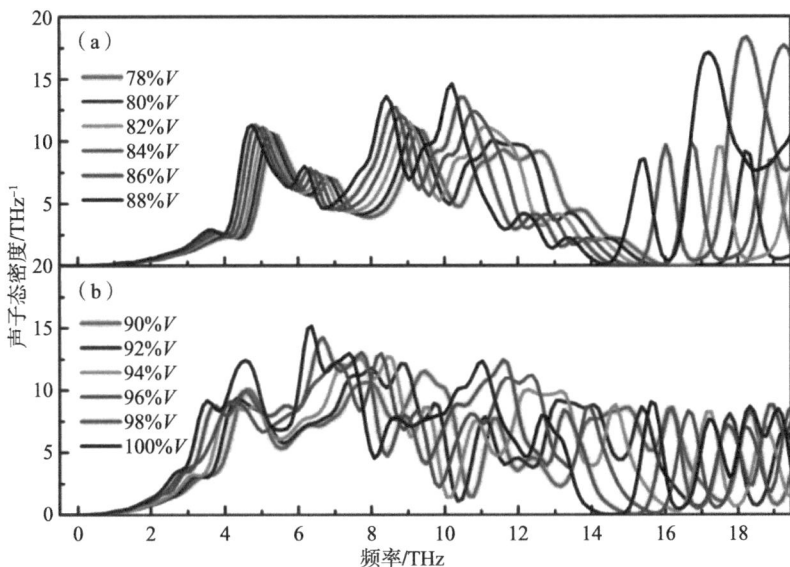

（a）亚铁磁构型下体积从78%V到88%V；（b）G型反铁磁构型下体积从90%V到100%V

图 5.14　LaCu$_3$Fe$_4$O$_{12}$ 的声子态密度

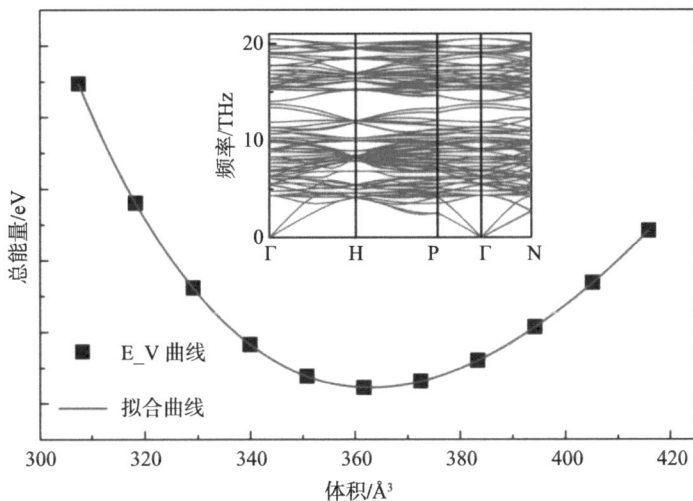

图 5.15　LaCu$_3$Fe$_4$O$_{12}$ 在顺磁态时的 Birch-Murnaghan 方程拟合和声子谱

下，体积随温度均缓慢增加。然而在 T_N 处，体积突然且急剧地下降，呈现实验报道的负热膨胀型的体积收缩。有趣的是，在 T_N 以下 G 型反铁磁的体积曲线的斜率小于 T_N 以上的顺磁的体积斜率，这与文献报道的相一致[90, 103]。因此，通

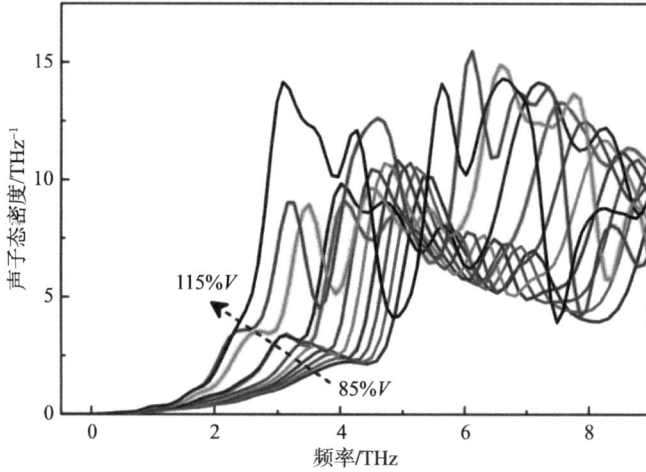

图 5.16 $LaCu_3Fe_4O_{12}$ 顺磁态时从 115%V 到 85%V 时的声子态密度

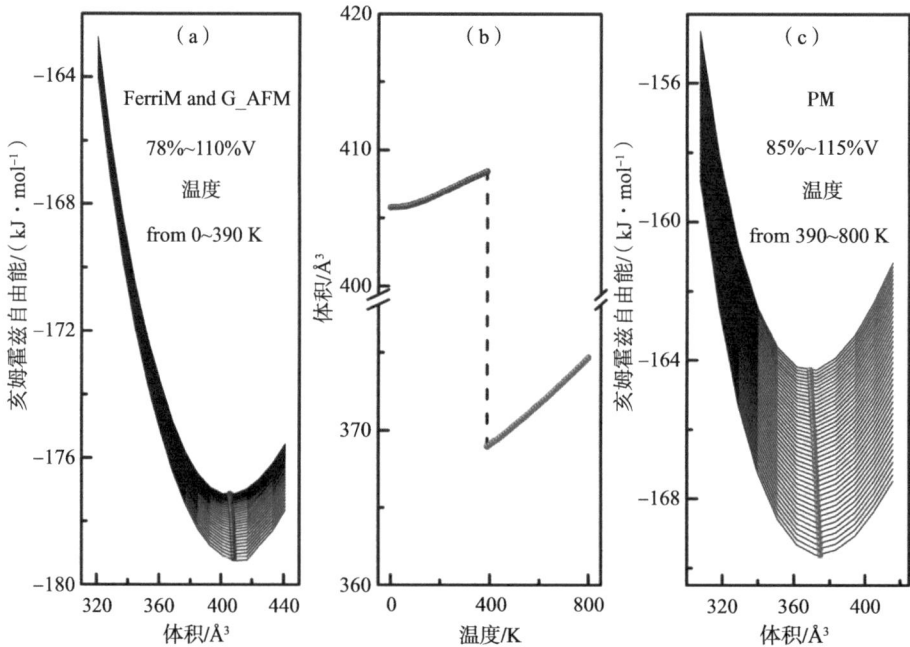

（a）0~390 K时，G型反铁磁和亚铁磁构型下亥姆霍兹自由能与晶胞体积的关系曲线；
（b）随温度的增加最优体积的变化；（c）390~800 K时，顺磁构型下亥姆霍兹自由能与晶胞体积的关系曲线。

图 5.17 $LaCu_3Fe_4O_{12}$ 的负热膨胀特性

过理论计算，我们确定了在奈尔温度附近的负热膨胀行为，伴随着 T_N 处 G 型反铁磁到顺磁构型的转变。

5.3　本章小结

对于 A 位有序的 LaCu$_3$Fe$_4$O$_{12}$ 钙钛矿，本研究从理论上揭示了压力诱导的晶体结构从 $Im\overline{3}$（No. 204）到 $Pn\overline{3}$（No. 201）对称性的转变和外加压力后磁结构从 G 型反铁磁到亚铁磁的转变。这些转变的根本原因在于内部原子结构的改变，例如在持续压缩平衡体积后，金属 – 氧键长和键角的变化。同时，从低压的 G 型反铁磁构型到高压的亚铁磁耦合的转变导致 Fe 和 Cu 离子之间发生电荷转移，可表达为 $4Fe^{3+}+3Cu^{3+} \rightarrow 4Fe^{3.75+}+3Cu^{2+}$。当持续压缩体积至 $80\%V$ 以下时，出现 Fe 离子的电荷不均匀分布，可表达为 $8Fe^{3.75+} \rightarrow 5Fe^{3+}+3Fe^{5+}$。这种电荷不均匀分布归因于亚铁磁耦合时 Fe 3d 和 O 2p 轨道之间的强杂化。另外，外加静水压会促使体系发生自旋翻转，从低压时高自旋 Fe^{3+} 反铁磁排列的 LaCu$^{3+}_3$Fe$^{3+}_4$O$_{12}$ 相到高压时低自旋亚铁磁构型的 LaCu$^{2+}_3$Fe$^{3.75+}_4$O$_{12}$ 和 LaCu^{2+}3Fe$^{3+}_{5/2}$Fe$^{5+}_{3/2}$O$_{12}$ 相的转变。最后，通过声子相关计算，从理论上揭示了 LaCu$_3$Fe$_4$O$_{12}$ 体系从 G 型反铁磁态到顺磁相转变时的负热膨胀行为。

第 6 章

Lu₂O₃：Ln（Ln= 稀土离子）发光材料中 4f 电子的跃迁特性和发光机理

在稀土功能材料的发展历程中，稀土发光材料占据重要地位。稀土元素因独特的电子层结构，具有一般元素无法比拟的光谱性质。它的发光几乎覆盖了整个固体发光的范畴。稀土原子具有未充满的且受到外界屏蔽的 4f、5d 电子组态，因此具有丰富的电子能级和长激发态寿命，能级跃迁通道多达 20 余万个，可以产生多种辐射吸收和发射，构成了广泛的发光和激光材料，被誉为新材料的宝库。

氧化镥（Lu_2O_3）因其良好的相稳定性、较高的热导率 12.5 W/（m·K）、较低的声子能（614 cm^{-1}）以及从近红外到可见光区域的光学透明度等物理特性，一直是众多实验和理论研究的对象[123-125]。这些优秀的物理化学特性，使 Lu_2O_3 成为一种良好的固体激光基体。特别是 Lu^{3+} 与镧系离子在尺寸和质量上具有较好的匹配性，当一系列稀土离子掺杂 Lu_2O_3 时，可以达到较高的掺杂浓度。因此，Lu_2O_3 是镧系离子掺杂的理想基质材料。Lu_2O_3：Ln（Ln = 稀土离子）是一种多功能的发光材料，由于镧系元素在 4f 和 5d 能级之间存在大量的光学跃迁，使其具有持久的光发射和较高的电离辐射吸收系数。迄今为止，具有不同发光性能的 Lu_2O_3：Ln 材料在实验上可以很容易地区分和检测出来[126-128]。例如，李瑞（R. Li）等人[126] 研究了 Lu_2O_3：Ln（Ln = Eu^{3+}、Tb^{3+}、Yb^{3+}/Er^{3+}、Yb^{3+}/Tm^{3+} 和 Yb^{3+}/Ho^{3+}）纳米球的多种颜色的发光性质，分别表现出明亮的红色、绿色、绿色、蓝色和黄绿色光。卡西奥·C. S. 佩德罗索（C. C. S. Pedroso）等人[129]制备了 Pr^{3+}、Eu^{3+} 和 Tb^{3+} 掺杂的 Lu_2O_3，分别呈现红色（近红外）、红橙色和绿色光。

Lu_2O_3 : Ln 中光学性质的贡献是由稀土离子的 4f 态的性质决定的。然而，到目前为止，关于 Lu_2O_3 : Ln 发光材料中 4f 相关的电子性质的微观机理远远落后于实验上的发现。迄今为止，科学家对镧系化合物的理论研究非常有限。究其原因，主要是这些稀土氧化物中的 4f 电子具有较强的局域性，利用密度泛函理论（DFT）对这些 f 电子壳层中的强电子 – 电子相关性描述得较少，导致从理论角度预测 4f 相关的电子结构具有较大的挑战性。为了克服这种不完全抵消的库仑自相互作用，人们已经探索了各种方法。原则上，这些对 4f 电子结构的不充分描述可以通过在 DFT 泛函中引入 Hartree–Fock 交换得到部分的矫正，这是一种杂化泛函方法。然而，利用杂化泛函研究体系的 sp–d 键合和带隙特征是有限的，因为这是一种非常耗时的计算方法。解决这一问题的另一种计算效率高的方法是使用 DFT+U 方法，该方法是通过引入 Hubbard 电势来校正 4f 电子的强关联。DFT+U 方法适用于含有大量原子的体系，并已证明对镧系离子中 4f 电子的强关联校正的结果是可靠的[130–132]。

本工作利用基于 DFT+U 方法的第一性原理计算，着重从原子的角度揭示 Lu_2O_3 : Ln（Ln = Nd、Sm、Eu、Gd、Tb、Dy、Ho、Er、Tm、Yb）材料中 4f 相关的电子结构和光学特性。为了达到这一目的，我们系统地计算和分析了 Lu_2O_3 : Ln 的平衡几何、生成能、磁化率、电子态密度（DOS）、能带结构和介电函数。根据研究结果，揭示出 Lu_2O_3 : Ln 材料中 4f 相关的电子跃迁特征，从而为制备具有增强光学性能的新型发光材料提供预测和指导。

6.1　计算方法

本工作采用基于密度泛函理论的维也纳从头算模拟包（Vienna Ab initio Simulation Package，VASP）[36, 78]计算了材料的平衡几何结构。利用 VESTA 软件进行可视化的原子结构和电子结构分析[133]。价电子和离子实的相互作用采用凝聚芯投影缀加波法（PAW）[79]，交换相关项通过 Perdew、Burke 和 Ernzerhof

（PBE）[38] 推导的广义梯度近似（Generalized Gradient Approximation，GGA）处理[42]。晶体结构与原子坐标均是全部放开优化。每一种晶体结构均采用 500 eV 的平面波截断动能。每个原子受到的 Hellman–Feynman 力 ≤ 0.5 eV/nm 作为判断结构优化收敛的标准。

Lu_2O_3：Ln 的形成能、磁化强度、电子结构、介电函数等性能采用基于密度泛函理论的 WIEN2k[39] 软件包进行进一步计算。这种完全势能的线性缀加平面波（FL–LAPW）加上局域轨道（LO）的方法[40, 41] 是较精确地计算材料电子结构的方法之一，并且已经应用于计算绝缘体、半导体、金属和金属间化合物的电子结构，获得的能带结构与实验差距较小。本工作应用 WIEN2k 程序包精确分析稀土离子 4f 电子在发光中的作用。为了更好地描述稀土 4f 电子的强关联性，本工作在局域的 4f 轨道之间增加了 GGA+U 的计算方法，该方法中需要两个基本参数：Hubbard 参数 U 和交换常数 J，其中 U 代表的是建立在 Hubbard 模型基础上的库仑排斥能，J 用于描述这些轨道之间位点上的交换相互作用。在本书的计算中，采用 Dudarev 等人提出的有效 Hubbard–U 参数引入计算中[43]，即 $U_{eff} = U–J$。U_{eff} 决定着轨道依赖势。

根据稀土 Lu_2O_3：Ln 发光材料中 U 值的测试结果，本工作在 Lu 和 Ln 的 4f 轨道上分别加了 9.0 eV 和 3.0 eV 的 U_{eff}，相当于在 Lu_2O_3 固溶体中溶解少量的 Ln 离子，Ln 离子被稀释。因此，虽然同为稀土离子，但掺杂稀土离子 Ln 的 U 值与基体 Lu_2O_3 中 Lu 的 U 值是不同的。在所有化合物的计算中，用于扩展波函数的平面波截断能为 7.0（RKMAX），用于扩展密度和势能的截断能为 12（GMAX）。整个布里渊区采用 $5×5×5$ 的 Monkhorst–Pack 的 k 点采样法，布里渊区内的积分采用修正的四面体方法[37]。电子结构自洽计算的收敛判据为电荷收敛小于 10^{-4} e。最后，研究其他稀土离子作为激活剂的发光可能性，并给出理论预测。

在 WIEN2k 程序中，利用 OPTIC 模块[134] 计算了 Lu_2O_3：Ln 的光学性质，并考虑了自旋–轨道耦合效应。理论背景为宏观光学响应通常可以用复介电函数表示，复介电函数由实部和虚部组成。当介电函数的实部急剧下降时，电子跃迁共振出现，对应于虚部的吸收峰。因此，虚部的峰可以间接反映出 Lu_2O_3：

Ln 发光材料的吸收特征。

6.2　结果与讨论

6.2.1　Lu_2O_3 基体的晶体结构和电子结构分析

图 6.1（a）显示了 Lu_2O_3 的晶胞结构，为立方晶系 $Ia\bar{3}$ 空间群（No. 206）[135]。晶胞中共有 80 个原子，其中包含 48 个氧离子和 32 个 Lu 离子。在 Lu_2O_3 晶胞中，Lu 离子具有 2 种不同的晶体学位置：24 个 Lu 离子占据 24d Wyckoff 位置，通常称为 C_2 对称位；另外 8 个 Lu 离子占据 8d Wyckoff 位置，通常称为 S_6 位。剩余的氧原子占据 48e Wyckoff 位置。晶体结构如图 6.1（a）所示。图 6.1（b）给出了镧系离子掺杂在 Lu 离子 C_2 位置的示意图。对于 Lu_2O_3 晶胞，采用 Birch–Murnaghan 方程拟合获得平衡几何以及最佳的离子位置和晶胞形状[136, 137]。图 6.1（c）显示的是 Birch–Murnaghan 方程的拟合结果。平衡几何对应的晶胞参数 a = 10.368 Å，与实验测得的晶胞参数（a = 10.391 Å）符合良好[128]，并且，与之前报道的理论计算的晶胞参数（a = 10.368 Å）一致[138]。为了检验最优几何的稳定性，我们进行了声子相关计算。图 6.1（c）插图中没有声子虚频的出现表明最优几何是稳定的。图 6.1（d）显示的是稀土离子在 C_2 位置的氧离子配位情况。由图 6.1（d）可知，占据 C_2 位置的稀土离子周围有 3 种氧离子，分别命名为 O1、O2 和 O3。

为了相对准确地确定 Lu_2O_3 平衡几何下的电子结构，在 DFT 计算时为 f 轨道选择了不同的 U 值进行测试。图 6.2（a）显示的是分波态密度（PDOS）随 Hubbard–U 值在 0.0 ~ 9.0 eV 范围内的变化情况。显然，Lu 4f 轨道上的 U 值的变化并没有改变体系带隙的大小，Lu_2O_3 的带隙主要是由 Lu_2O_3 中价带的 2p 和导带 5d 的位置决定的。尽管如此，PDOS 也显示出 Hubbard–U 对 f 轨道影响的清晰物理图像。首先，在不考虑 4f 电子间的库仑斥力（U = 0.0 eV）的情况下，观察到 4f 态在 2p 带内完全离域，具有强的 4f-2p 杂化。然而，通过引入并不断增加 Hubbard 斥力项，4f 态逐渐开始局域化，同时，4f 能带向价带下方移动。有趣的是，当 U 增加到 5.0 eV 时，4f 和 2p 态之间形成间隙，并且间隙随

着 U 值的增加而进一步扩大。最后，当 U 增大到 9.0 eV 时，4f 轨道位于费米能级以下 5.3 eV 处，这与实验结果 5.9 ± 0.1 eV 非常接近[139]，与理论值 5.6 eV 相近[138]。因此，在随后的计算中，$U = 9.0$ eV 被加在 Lu 离子 4f 轨道上进行校正，这与之前的报道相一致，即恰当地描述 4f 电子结构时 U 需要在 8.0~9.0 eV 左右的值[138]。图 6.2（b）为 Lu_2O_3 在 $U = 9.0$ eV 时的能带结构，其中计算出的带隙宽度为 4.0 eV。带隙值与之前报道的 DFT+U 计算值相等，也略小于实验结果（5.8~6.0 eV）[139]。这种现象在应用半局部泛函进行计算时是可以被普遍接受的。此外，Lu 离子的 4f 电子位于价带深处，因此在能量上有利于这些电子的局域化。

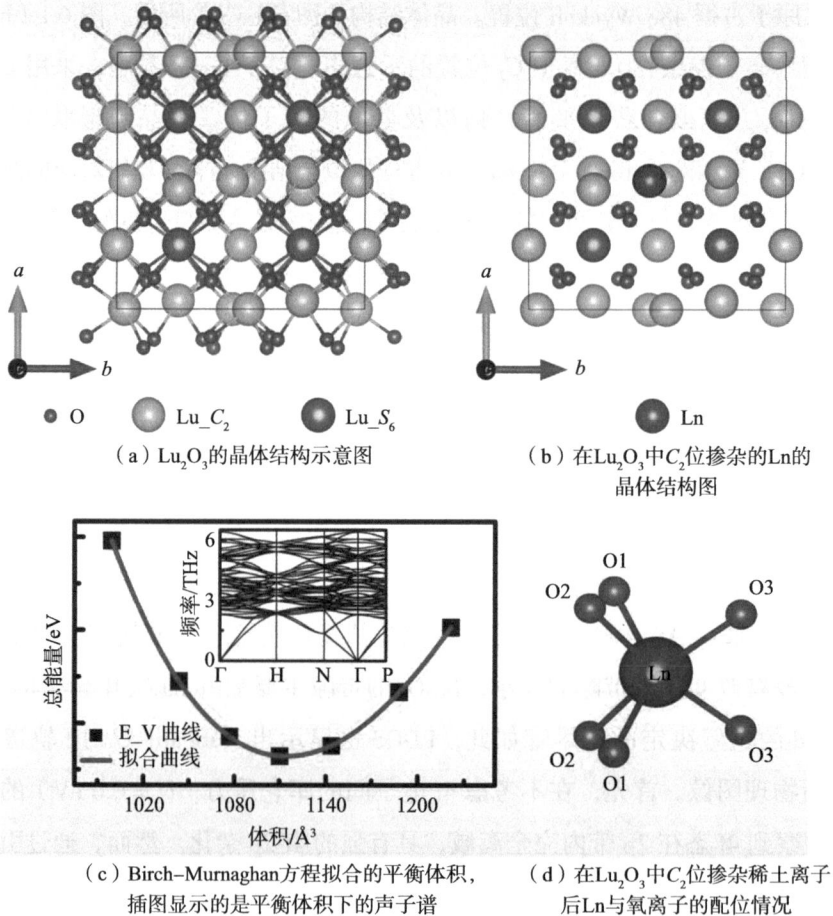

O Lu_C_2 Lu_S_6 Ln

（a）Lu_2O_3 的晶体结构示意图   （b）在 Lu_2O_3 中 C_2 位掺杂的 Ln 的
                                                            晶体结构图

（c）Birch–Murnaghan 方程拟合的平衡体积，   （d）在 Lu_2O_3 中 C_2 位掺杂稀土离子
插图显示的是平衡体积下的声子谱   后 Ln 与氧离子的配位情况

图 6.1   原子结构图平衡体积和声子谱

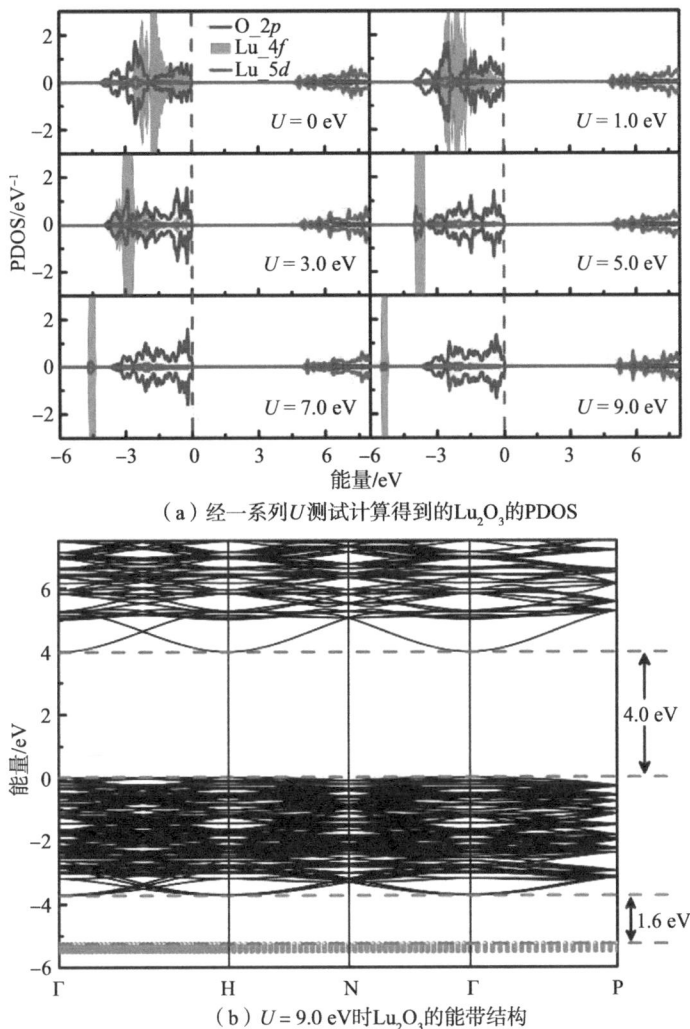

（a）经一系列U测试计算得到的Lu$_2$O$_3$的PDOS

（b）U＝9.0 eV时Lu$_2$O$_3$的能带结构

图 6.2　Lu$_2$O$_3$ 的 U 值测试和能带结构

6.2.2　一系列稀土离子掺杂 Lu$_2$O$_3$ 的计算

　　之前文献报道，稀土离子掺杂到 Lu$_2$O$_3$ 基体后，镧系激活剂在 C_2 位置的吸收和发射跃迁比 S_6 位置更有利，这不仅是因为 Lu$_2$O$_3$ 基体中 C_2 位置的数目比 S_6 位置的数目多（比例为 3∶1），而且 C_2 位置的 4f–5d 电偶极跃迁比 S_6 位置更强烈[140]。因此，在本研究中，我们只考虑了稀土离子在 C_2 位掺杂。首先，如图 6.1（b）所示，当镧系离子掺杂到 Lu$_2$O$_3$ 晶格的 C_2 位点时，Lu$_2$O$_3$：Ln 中含有 3.125 mol% 的镧系掺杂激活剂。为了确定镧系元素取代的难易程度，我们计算了 Lu_2O_3：Ln 的生成能（E_{form}）。Lu_2O_3：Ln 的生成能可由下式计算：

$$E_{form} = E(Lu_{31}Ln_1O_{48}) - E(Lu_{32}O_{48}) - \mu_{Ln} + \mu_{Lu} \tag{6.1}$$

式（6.1）中，$E(Lu_{31}Ln_1O_{48})$ 为镧系掺杂 Lu_2O_3：Ln 的总能量，$E(Lu_{32}O_{48})$ 为 Lu_2O_3 基体的总能量，μ_{Ln} 和 μ_{Lu} 分别为块体 Ln（Ln = Nd、Sm、Eu、Gd、Tb、Dy、Ho、Er、Tm、Yb）和 Lu 金属的化学势。对于镧系元素的化学势计算，以稀土金属为结构模型，通过单点能量计算得到化学势。

计算结果如 6.3（a）所示，其中除 Lu_2O_3：Eu 和 Lu_2O_3：Yb 外，Lu_2O_3：Ln 的生成能都很小。为了解释这种异常，我们分析了 Lu_2O_3：Ln 的微观结构，如图 6.3（b）所示。除 Lu_2O_3：Eu 和 Lu_2O_3：Yb 异常外，晶胞体积随镧系离子半径的减小而减小。众所周知，晶胞体积的变化直接源于内部原子结构的改变。在结构上，以 Ln 为中心的微立方的顶点由 6 个氧离子组成，其中通过 Ln-O 键的长度可以区分出 Lu_2O_3 中共有 3 种氧离子，见图 6.1（d）。

为了揭示 Lu_2O_3：Eu 和 Lu_2O_3：Yb 形成能异常的根本原因，图 6.3（c）分析了晶胞中的 Ln-O 键长。除 2 个 Eu-O 和 Yb-O 键长突然增加外，所有的 Ln-O 键长都随着镧系元素的收缩而逐渐减小。因此，可以得出结论，异常的 Eu-O 和 Yb-O 键长是导致晶胞体积异常的原因之一，进而导致 Lu_2O_3：Eu 和 Lu_2O_3：Yb 形成能的异常。此外，实验结果表明，与其他镧系离子相比，+2 价的 Eu 和 Yb 离子具有更强的能量稳定性。在这种情况下，Eu 和 Yb 离子的价态是否对异常的生成能有影响是一个值得讨论的问题。一般来说，通过对镧系离子 4f 轨道的磁化强度分析，可以揭示镧系离子的 4f 轨道占据态，进而推断出掺杂离子的价态。因此，我们计算了 Ln-4f 轨道的磁化强度。从图 6.3（d）可以看出，Eu 和 Yb 离子的 4f 轨道填充量分别接近于 f^6 和 f^{13}，推断 Eu 和 Yb 离子都是 +3 价态。同时，在 Lu_2O_3：Ln 系列中没有出现异常的磁化强度，证实了所有的镧系离子在引入 Lu_2O_3 基体中时总是带 +3 价（Ln^{3+}）。因此，Eu 和 Yb 离子的价态并不是形成能异常的原因。从上述分析来看，这种原子内部结构的异常现象是否会导致特定的电子跃迁行为和 / 或特殊的发光性质？答案将在下面

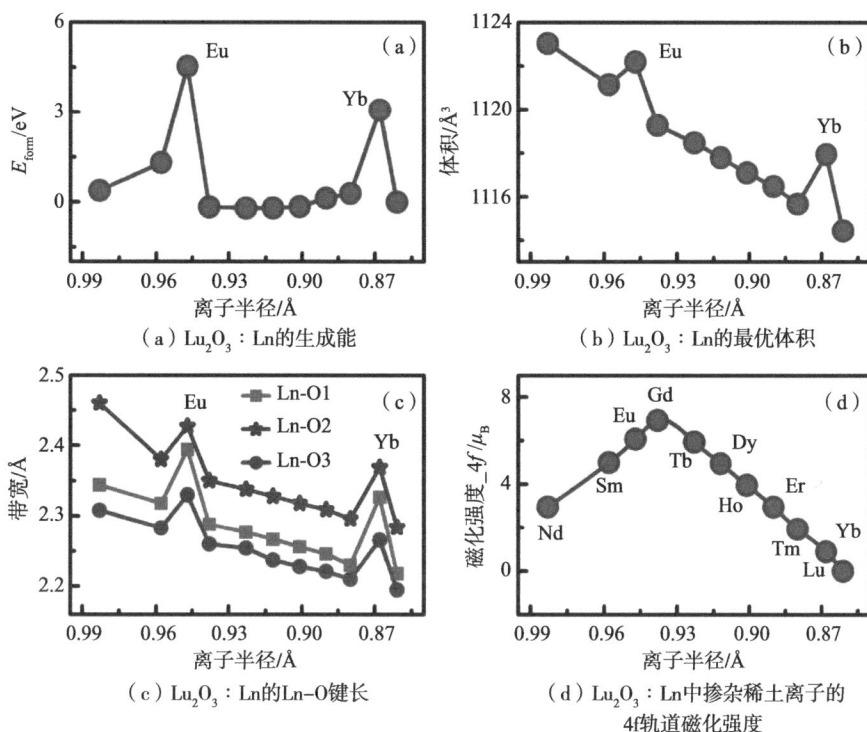

（a）Lu$_2$O$_3$:Ln的生成能

（b）Lu$_2$O$_3$:Ln的最优体积

（c）Lu$_2$O$_3$:Ln的Ln–O键长

（d）Lu$_2$O$_3$:Ln中掺杂稀土离子的
4f轨道磁化强度

图 6.3　镧系离子掺杂 Lu$_2$O$_3$ 基体的相关计算

的讨论中给出。

6.2.3　Lu$_2$O$_3$:Ln 中 4F 相关的电子跃迁行为

在以往的文献报道中，当 Eu$_2$O$_3$ 掺杂到 A$_2$O$_3$（A = Y、Lu、Sc）固溶体中时，Eu 原子被稀释[141]。从某种意义上说，少量稀土离子掺杂到 Lu$_2$O$_3$ 晶格中也可以看作少量镧系离子被稀释形成 Lu$_2$O$_3$:Ln 固溶体。因此，掺杂稀土离子的 4f 轨道的 Hubard–U 值应该不同于 Lu$_2$O$_3$ 中 Lu 的 U 值（U = 9.0 eV）。

为了相对准确地确定 Lu$_2$O$_3$:Ln（Ln = Nd、Sm、Eu、Gd、Tb、Dy、Ho、Er、Tm、Yb）的电子结构需要对每个 Ln 原子的 4f 轨道的 Hubbard–U 值进行测试。在计算中保持 U_{Lu_4f} 值为 9.0 eV 不变，对每个 Ln–4f 轨道进行一系列 U 值（1.0 eV、3.0 eV、5.0 eV、7.0 eV、9.0 eV）的测试，并收集 4f 轨道的占据数，如图 6.4 所示。从整体掺杂镧系离子的结果来看，当引入镧系 4f 壳层的 U 值为 3.0 eV 时，

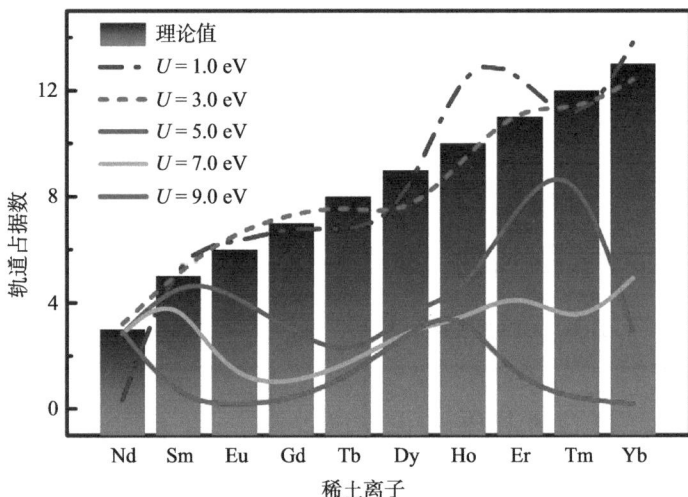

图 6.4　不同的 U 值测试下，4f 轨道占据数随镧系元素种类的变化

计算得到的 4 个轨道占据数与理论值最为接近。因此，在后续计算中，对于掺杂稀土离子的体系，采用 $U_{\text{Ln\_4f}} = 3.0$ eV 进行计算。

在确定了 U 值后，可以很容易地计算出 Lu_2O_3：Ln 的电子结构。本工作中，我们主要关注位于价带最大值（VBM）和导带最小值（CBM）之间的镧系元素 4f 能带的能级排布，因为电子跃迁和发光过程强烈依赖于发光中心相对于基体化合物在能带中 CBM 和 VBM 的位置。基于此，计算得到的 Lu_2O_3：Ln 系列的电子结构可分为 4 类。图 6.5 显示了 Lu_2O_3：Ln 体系中 4 种代表性电子结构。

图 6.5（a）显示的是以 Lu_2O_3：Gd 为代表的第一种电子结构。它的特征是，4f 的自旋向上的轨道都被占据并位于 VBM 下方，而 4f 的自旋向下的轨道都是空的并位于 CBM 上方。因此，Lu_2O_3：Gd 与 Lu_2O_3 基体相比，带隙没有发生变化。图 6.5（b）显示的是以 Lu_2O_3：Eu 为代表的第二种电子结构。它的特征是，已占据的镧系元素 4f 轨道与 O2p 轨道杂化，位于价带深处，而最低的未占据的镧系元素 4f 轨道位于 CBM 下方。因此，在带隙中出现了一个空的杂质能级。图 6.5（c）显示的是以 Lu_2O_3：Tb 为代表的第三种电子结构。它的特征是，最低的未占据的 4f 态位于导带中，而最高的已占据的 4f 轨道位于费米能级以下，同时价带向低能级移动。因此，在 VBM 和 CBM 之间出现了一个被占据的 4f 杂质

能级。图 6.5（d）显示的是以 Lu_2O_3：Nd 为代表的第四种电子结构。它的特征是，最低的未占据的 4f 带位于 CBM 下方，占据的 4f 带位于费米能级下方，价带略微向低能区移动。因此，在这一类的电子结构中，CBM 和 VBM 之间空能级和被占据的杂质能级共存。

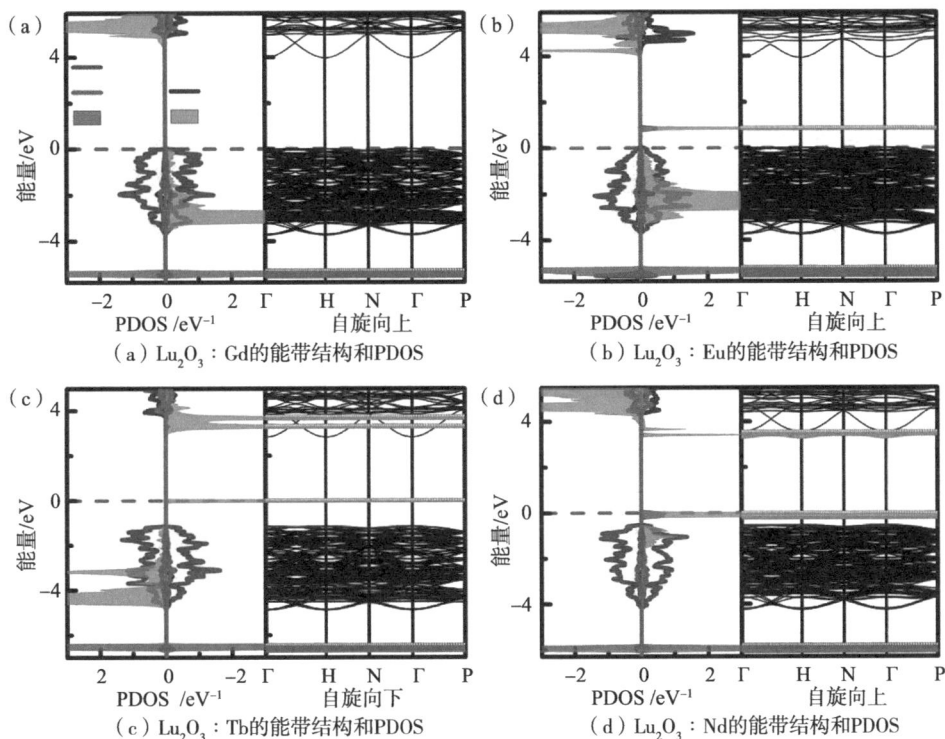

图 6.5　Lu_2O_3：Ln 中 4 种代表性的电子结构

对于所有的稀土离子，二价（Ln^{2+}）和三价（Ln^{3+}）稀土离子的 4f 基态能级位置随 Ln^{3+} 的 4f 壳层电子数的变化如图 6.6（a）所示。其中，当镧系激活剂被引入 Lu_2O_3 基体中时，Ln^{2+} 和 Ln^{3+} 态呈现双 "zigzag"（之字形）的特征。我们的理论计算得到的 Ln^{2+} 和 Ln^{3+} 离子的特殊能级图像与多伦博斯（Dorenbos）用经验方法和实验技术报道的结果是一致的。同时，稀土离子的这种 "zigzag" 特征能级图像与基体化合物的类型无关，因此，DFT+U 方法可以给出与实验一致的正确结果，证实了 4f 轨道引入 Hubbard–U 的选择是合理的。

在图 6.6（a）中，基于前面的电子结构分析，4 种不同的背景颜色代表了上述 4 种不同的电子结构。从前面的讨论我们知道，对于不同的稀土离子，价带顶和导带底之间的能量差（E_g）被证实是恒定的。实际上，主要的光谱过程发生在镧系掺杂的 Lu_2O_3 在带隙附近被激发时。因此，镧系离子 4f 基态或激发态相对于导带和价带的能级位置，决定了稀土离子杂质能级是充当电子供给者还是电子捕获者。从前面的讨论可知，Lu_2O_3：Ln 的能带结构由离域能带态（VB 和 CB）和局域能带态（Ln^{2+} 和 Ln^{3+}）组成。Ln^{2+} 基态能带和 VBM 之间的能量差决定了稀土激活剂是电子接受体，而 Ln^{3+} 基态能带和 CBM 之间的能量差决定了稀土杂质能级是电子供体。因此，结合文献报道[142]，一系列稀土离子掺杂的 Lu_2O_3：Ln 的能带结构中，4 种电子结构中的杂质能级对应 4 种电子跃迁模式，如图 6.6（b）所示。

首先，第一种电子跃迁模式称之为基体吸收（简称 HA），即在价带和导带之间产生的带间跃迁，对应的化合物为 Lu_2O_3 基体和 Lu_2O_3：Gd，如图 6.6（a）所示。这种跃迁模式从本质上讲，当在外加辐照后，电子激发到导带导致 e-h 重组发光，电子跃迁过程如图 6.6（b）中的箭头所示。第二种电子跃迁模式称为电荷转移型跃迁（简称 CTT），即将价带中的电子转移到空的杂质能级。转移过程中在基体的价带中留下一个空穴。由于在这个过程中稀土杂质能级接受一个电子，因此被称为接受型电荷转移跃迁。与图 6.6（a）相比，很明显，Ln^{2+} 是一个典型的电子接受态，这种电子跃迁模式发生在 Lu_2O_3：Eu、Lu_2O_3：Sm、Lu_2O_3：Ho、Lu_2O_3：Er、Lu_2O_3：Tm、Lu_2O_3：Yb 化合物中。特别的是，Lu_2O_3：Eu 和 Lu_2O_3：Yb 具有较低的 Ln^{2+} 能级见图 6.6（a），因此电子从价带跃迁到 Ln^{2+} 态变得相对容易。因此，理论计算工作也揭示了一个普遍的实验现象，即由于 f^6（Eu^{3+}）和 f^{13}（Yb^{3+}）轨道分别倾向于形成稳定的半充满态 f^7（Eu^{2+}）和全充满态 f^{14}（Yb^{2+}），Eu^{3+} 和 Yb^{3+} 离子比其他 Ln^{3+} 离子更倾向于形成 +2 价态，也更容易形成 +2 价态。由此可以推断，Lu_2O_3：Eu 和 Lu_2O_3：Yb 独特的电子结构将会导致异常的形成能和特殊的发光性能。第三种电子跃迁模式称为供给型的电离跃迁（简称 IT），即电子从占据态的杂质能级向导带的跃迁。这个过程离子化了稀土离子。由于电子被供给到给基体的导带，它被称为供给型的电离跃迁。在 IT 过程中，Ln^{3+} 为电子贡献态，对应图 6.6（a）中的 Lu_2O_3 : Tb 化合物。值得注意的是，上述所有类型的电子跃迁都是电偶极允许的跃迁，并且会导致发光。最后，第四种电子跃迁模式称为 f → fd 跃迁，即电子跃迁发生在稀土 $4f^n$ 局域态和 $4f^{n-1}5d$ 构型之间。原则上，根据电偶极矩选择定则，4f 能级之间的电子跃迁是宇称禁戒跃迁。然而，当未占据的 $4f^{n-1}$ 态与 CBM 以下的几个 5d 能级混合时，这种禁戒跃迁会部分允许，见图 6.5（d）。因此，这种类型的电子跃迁主要发生在 $4f^n → 4f^{n-1}5d$ 路径上，对应图 6.6（a）中的 Lu_2O_3 : Nd 和 Lu_2O_3 : Dy 化合物。综上所述，Lu_2O_3 : Ln 体系中的电子跃迁规律可以阐述为 4 种电偶极允许的跃迁，分别是 HA、CTT、IT 和 f → fd 跃迁。

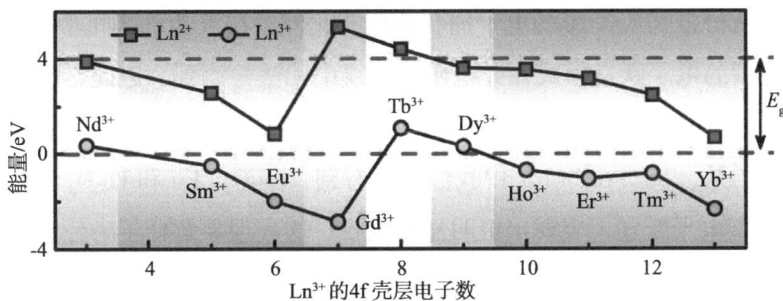

（a）二价（Ln^{2+}）和三价（Ln^{3+}）稀土离子的4f基态能级位置随Ln^{3+}的4f壳层
电子数的变化图

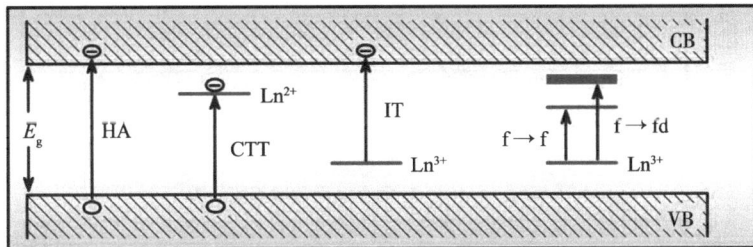

（b）Lu_2O_3 : Ln发光材料中的4种类型的电子跃迁类型

图 6.6　稀土离子 4f 能级位置随 4f 壳层电子数变化图以及随之推导出的
Lu_2O_3 : Ln 电子跃迁类型图

6.2.4　Lu_2O_3 : Ln 体系的吸收特性

为了确定哪种类型的电子跃迁更有利于发光，我们采用理论计算模拟了

Lu$_2$O$_3$：Ln 体系的光学性质。图 6.7（a）为介电函数虚部（Im_eplison）与能量的函数关系曲线，对应于 Lu$_2$O$_3$：Ln 的光响应信号，并给出了 Lu$_2$O$_3$ 基体的介电函数作为参考。很明显，Lu$_2$O$_3$：Ln 的 Im_eplison 曲线的形状与 Lu$_2$O$_3$ 基体相似，除了在 0.0~4.0 eV 有一些小的吸收峰。

图 6.7（b）为图 6.7（a）虚点矩形区域的放大图像。从图 6.7（b）可以看出，当稀土离子替代 C_2 位置的 Lu 离子后，在 0.0~4.0 eV 区间内共出现了 6 个明显的可观察到的吸收峰。这些吸收峰与 Lu$_2$O$_3$ 基体的带隙能量范围（约为4.0 eV）一致。这表明镧系离子掺入 Lu$_2$O$_3$ 晶格后，在该能量区间内发生了4f 电子跃迁。与图 6.6 相比，这些吸收峰均来自 CTT 型电子跃迁，对应于Lu$_2$O$_3$：Sm、Lu$_2$O$_3$：Eu、Lu$_2$O$_3$：Ho、Lu$_2$O$_3$：Er、Lu$_2$O$_3$：Tm、Lu$_2$O$_3$：Yb 这 6 种化合物中从价带到 Ln^{2+} 带的电子捕获跃迁。此外，在该能量区间（0.0~4.0 eV）的其他类型的电子跃迁模式在介电函数曲线中无法检测到。因此，可以得出结论，CTT 类型的电荷转移跃迁比其他类型的电子跃迁更有效，更有利于发光。

有趣的是，从图 6.7（b）中我们可以看到，Lu$_2$O$_3$：Eu 和 Lu$_2$O$_3$：Yb 相比于其他 CTT 型电子跃迁，表现出更明显的吸收。这一现象解释了为什么 Eu 和 Yb

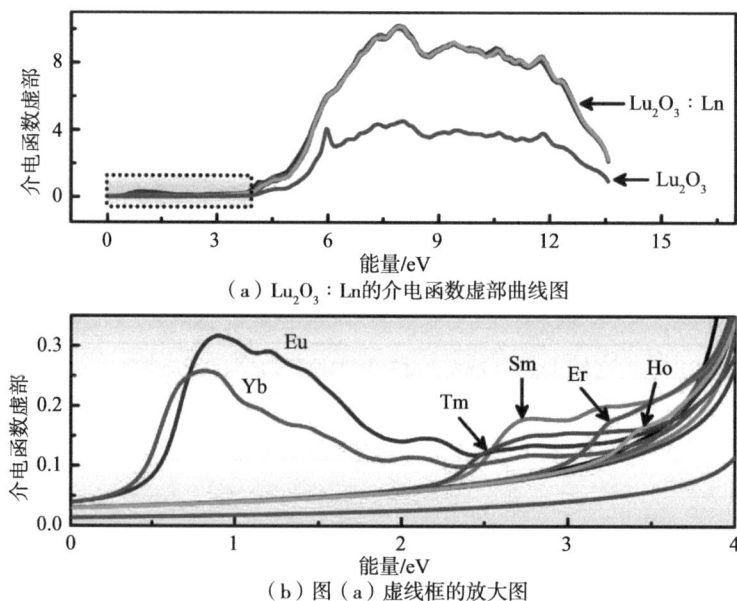

（a）Lu$_2$O$_3$：Ln 的介电函数虚部曲线图

（b）图（a）虚线框的放大图

图 6.7　Lu$_2$O$_3$：Ln 介电子数虚部曲线及其局部放大图

离子在实验中被普遍用作激活剂的原因。正是因为它们的 Ln^{2+} 带具有较低的 4f 能级，与其他镧系离子相比，它们更倾向于捕获电子，相对容易形成 Eu^{2+} 和 Yb^{2+} 价态。因此，Lu_2O_3∶Eu 和 Lu_2O_3∶Yb 更有利于发光。

6.3　本章小结

我们通过 DFT+U 计算模拟了稀土离子掺杂的 Lu_2O_3∶Ln（Ln = Nd、Sm、Eu、Gd、Tb、Dy、Ho、Er、Tm、Yb）化合物，研究了 4f 相关的电子跃迁和吸收特征。在纯 Lu_2O_3 基体的情况下，对比实验数据，并在计算中引入 U_{Lu_4f} = 9.0 eV 确定其电子结构。为了确定 Lu_2O_3∶Ln 体系中 4f 相关的电子跃迁规律，我们进行了一系列稀土 4f 轨道的 U 测试，最终确定 U_{Ln_4f} = 3.0 eV。有趣的是，通过理论计算得到了与实验一致的双"zigzag"图形，并由此获得了 Lu_2O_3∶Ln 中 4 种电子跃迁模式，即 HA、CTT、IT 和 f→fd 跃迁。

此外，从光学性质计算来看，CTT 型（Lu_2O_3∶Sm、Lu_2O_3∶Eu、Lu_2O_3∶Ho、Lu_2O_3∶Er、Lu_2O_3∶Tm、Lu_2O_3∶Yb）的电子跃迁比其他类型的电子跃迁模式更容易且更有利于发光。其中，Lu_2O_3∶Eu 和 Lu_2O_3∶Yb 具有较好的 VB→Ln^{2+} 跃迁，因此具有较好的吸收特性，这也解释了为什么 Eu 和 Yb 离子总是作为发光材料通用激活剂的原因。据我们所知，这是理论计算领域首次对发光材料的 4f 相关电子跃迁行为进行系统研究，可以为进一步的实验研究提供理论指导。

第7章

结　论

　　稀土功能材料因其具有可观的光、电、磁等性能而受到广泛的研究，技术难题的不断突破使其应用价值越来越大。然而，目前对于其宏观特性的微观机理研究尚少，缺乏其微观原子、电子结构的具体物理图像，微观结构与宏观性能的关系规律还有待建立。因此，从理论上研究稀土功能材料的微观结构与宏观性能关系是实现其高值化应用的关键，具有重要的研究意义。本书以稀土功能材料为研究对象，针对 $BaLaGa_3O_7$：Nd，Tb 激光材料，R_2CoMnO_6/La_2CoMnO_6（R=Ce、Pr、Nd、Pm、Sm、Gd、Tb、Dy、Ho、Er、Tm）多铁材料，$LaCu_2Fe_4O_{12}$ 负热膨胀材料和 Lu_2O_3：Ln（Ln= 稀土离子）闪烁晶体材料 4 个体系进行理论计算，探索稀土功能材料宏观性能的微观机理。

　　主要研究结论如下。

　　1. 采用第一性原理计算研究了 BLGO：Nd 的发光机理。首先研究了 BLGO 基体中存在单缺陷（如 V_O、V_{Ga}、V_{La}、V_{Ba}）对材料发光的影响。结果表明，这些单缺陷对发光的影响有限。其次，全面研究了 BLGO：Nd 的发光机理，发现对发光起支配作用的是 $4f \to 4f$-$5d \to 5d \to 4f$ 这样一系列的电子跃迁。研究还发现，BLGO：Nd 中的复合缺陷对发光只起微弱的辅助作用。当然，其他稀土离子的掺杂也可以作为 BLGO 基体的发光中心，但它们的发光效率较低（如 Tb^{3+}），甚至有些离子几乎不发光（如 Eu^{3+}）。尽管 Tb^{3+} 离子单掺杂对发光影响较小，但当与 Nd 共掺杂时（BGLO：Nd，Tb），Tb^{3+} 可以作为电子捕获中心，从而延长发光时间。这一发现为实验研究稀土离子共掺杂的 BLGO 材料提供了理论指导。

2. 通过第一性原理计算揭示了 R_2CoMnO_6/La_2CoMnO_6 超晶格同时具有铁电性和铁磁性。研究证明，在阳离子有序的超晶格中，CoO_6 和 MnO_6 八面体倾转和铁磁耦合是诱导铁电和铁磁性的充分必要条件。此外，化学压使晶格中的铁电和铁磁性可调控。静水压对超晶格的磁电性能影响相对微弱。化学压和静水压最明显的影响在于晶胞参数的变化，这导致八面体倾转程度不同，最终引发多样的多铁行为。

3. 对于 A 位有序的 $LaCu_3Fe_4O_{12}$ 钙钛矿，研究发现了压力诱导的晶体结构从 $Im\bar{3}$ 到（No. 204）$Pn\bar{3}$（No. 201）对称性的转变和外加压力后磁结构从 G 型反铁磁到亚铁磁的转变。本质上，磁结构转变的根本原因来源于内部原子结构的改变，例如持续的压缩平衡体积后金属 – 氧键长和键角的变化。同时，从低压的 G 型反铁磁构型到高压的亚铁磁耦合的转变导致 Fe 和 Cu 离子之间电荷转移，可表达为 $4Fe^{3+}+3Cu^{3+} \rightarrow 4Fe^{3.75+}+3Cu^{2+}$。有趣的是，当持续压缩体积至 $80\%V$ 以下时，出现 Fe 离子的电荷不均匀分布，可表达为 $8Fe^{3.75+} \rightarrow 5Fe^{3+}+3Fe^{5+}$。事实上，电荷不均匀分布归因于亚铁磁耦合时 Fe 3d 和 O 2p 轨道之间的强杂化。另外，外加静水压会促使体系发生自旋翻转，从低压时高自旋 Fe^{3+} 反铁磁排列的 $LaCu^{3+}{}_3Fe^{3+}{}_4O_{12}$ 相到高压时低自旋亚铁磁构型的 $LaCu^{2+}{}_3Fe^{3.75+}{}_4O_{12}$ 和 $LaCu^{2+}{}_3Fe^{3+}{}_{5/2}Fe^{5+}{}_{3/2}O_{12}$ 相的转变。最后，通过声子相关计算，从理论上揭示了 $LaCu_3Fe_4O_{12}$ 体系从 G 型反铁磁态到顺磁相转变时的负热膨胀行为。

4. 通过 DFT+U 计算模拟了稀土离子掺杂的 Lu_2O_3：Ln（Ln=Nd、Sm、Eu、Gd、Tb、Dy、Ho、Er、Tm、Yb）化合物，研究了 4f 相关的电子跃迁和吸收特征。为了确定 Lu_2O_3：Ln 体系中 4f 相关的电子跃迁规律，我们进行了一系列稀土 4f 轨道的 U 测试，最终确定 $U_{Ln\_4f} = 3.0$ eV。有趣的是，通过理论计算得到了与实验一致的双 "zigzag" 图形，并由此获得了 Lu_2O_3：Ln 中 4 种电子跃迁模式，即 HA、CTT、IT 和 f → fd 跃迁。此外，从光学性质计算来看，CTT 型（Lu_2O_3：Sm、Lu_2O_3：Eu、Lu_2O_3：Ho、Lu_2O_3：Er、Lu_2O_3：Tm、Lu_2O_3：Yb）的电子跃迁比其他类型的电子跃迁模式更容易且更有利于发光。

参考文献

［1］陈建军，杨庆山. 稀土功能材料综述［J］. 湖南有色金属，2007，23：30-33.

［2］侯振宇，何扬. 我国稀土资源概况及应用前景［J］. 内蒙古科技与经济，2017，7：28-33.

［3］王行，王锡树，王雨芹，等. 稀土功能材料的应用与展望［J］. 上海师范大学学报（自然科学版），2017，46：789-794.

［4］沈保根. 稀土磁性材料. 科学观察，2017，12：27-30.

［5］苏锵. 新型稀土功能材料. 辽宁大学学报（自然科学版），1998，25：193-198.

［6］钟维烈. 铁电物理的近期发展. 物理，1996，25：193-199.

［7］Blundell，S. Magnetism in Condensed Matter［M］. Oxford：Oxford University Press，2001.

［8］Jahn，H.A.；Teller，E. Stability of polyatomic molecules in degenerate electronic states. I. Orbital degeneracy［J］. Proceedings of the Royal Society of London. Series A，Mathematical and Physical Sciences，1937，161：220-235.

［9］Zener，C. Interaction between the d-shells in the transition metals［J］. Physical Review，1951，81：440-444.

［10］Anderson，P.W.；Hasegawa，H. Considerations on double exchange［J］. Physical Review，1955，100：675-681.

［11］de Gennes，P.G. Effects of double exchange in magnetic crystals［J］. Physical

Review, 1960, 118: 141–154.

[12] Verwey, E.J.W. Electronic conduction of magnetite (Fe_3O_4) and its transition point at low temperatures [J]. Nature, 1939, 144: 327–328.

[13] Goodenough, J.B. Theory of the role of covalence in the perovskite-type manganites La, M (II) MnO_3 [J]. Physical Review, 1955, 100: 564–573.

[14] Murakami, Y.; Kawada, H.; Kawata, H.; et al. Direct observation of charge and orbital ordering in $La_{0.5}Sr_{1.5}MnO_4$ [J]. Physical Review Letters, 1998, 80: 1932–1935.

[15] Imada, M.; Fujimori, A.; Tokura, Y. Metal–insulator transitions [J]. Reviews of Modern Physics, 1998, 70: 1039–1263.

[16] Mott, N.F. Metal–insulator transition [J]. Reviews of Modern Physics, 1968, 40: 677.

[17] Dirac, P.A.M. The principles of quantum mechanics [M]. Oxford: Clarendon Press, 1958.

[18] Agnesi, A.; Pirzio, F.; Tartara, L.; et al. Tunable femtosecond laser based on the Nd^{3+}: $BaLaGa_3O_7$ disordered crystal [J]. Laser Physics Letters, 2014, 11.

[19] Hanuza, J.; Andruszkiewicz, M. Phonon properties and normal-coordinate analysis of gallium–oxygen core in $BaLaGa_3O_7$ crystal [J]. Spectrochimica Acta Part A: Molecular and Biomolecular Spectroscopy, 1995, 51: 869–881.

[20] Kaczkan, M.; Pracka, I.; Malinowski, M. Optical transitions of Ho^{3+} in $SrLaGa_3O_7$ [J]. Optical Materials, 2004, 25: 345–352.

[21] Karbowiak, M.; Gnutek, P.; Rudowicz, C.; et al. Crystal–field analysis for RE^{3+} ions in laser materials: II. Absorption spectra and energy levels calculations for Nd^{3+} ions doped into $SrLaGa_3O_7$ and $BaLaGa_3O_7$ crystals and Tm^{3+} ions in $SrGdGa_3O_7$. Chemical Physics, 2011, 387: 69–78.

[22] Rybaromanowski, W.; Golab, S.; Dominiak-Dzik, G.; et al. Effect of

substitution of barium by strontium on optical properties of neodymium–doped $XLaGa_3O_7$ (X ≡ Ba, Sr) [J]. Materials Science and Engineering B: Solid State Materials for Advanced Technology, 1992, 15: 217–221.

[23] Piekarczyk, W.; Berkowski, M.; Jasiolek, G. The Czochralski growth of $BaLaGa_3O_7$ single-crystals [J]. Journal of Crystal Growth, 1985, 71: 395–398.

[24] Berkowski, M.; Borowiec, M.T.; Pataj, K.; et al. Absorption and birefringence of $BaLaGa_3O_7$ single-crystals [J]. Physica B & C, 1984, 123: 215–219.

[25] Soluch, W.; Ksiezopolski, R.; Piekarczyk, W.; et al. Elastic, piezoelectric, and dielectric properties of the $BaLaGa_3O_7$ crystal [J]. Journal of Applied Physics, 1985, 58: 2285–2287.

[26] Ryba-Romanowski, W.; Jezowska-Trzebiatowska, B.; Piekarczyk, W.; et al. Opticalproperties and lasing of $BaLaGa_3O_7$ single-crystals doped with neodymium [J]. Journal of Physics and Chemistry of Solids, 1988, 49: 199–203.

[27] Ryba-Romanowski, W.; Gutowska, M.U.; Piekarczyk, W.; et al. Spectroscopic investigations of neodymium-doped $BaLaGa_3O_7$ single-crystals [J]. Journal of Luminescence, 1987, 36: 369–372.

[28] Ryba-Romanowski, W.; Sokolska, I.; Golab, S.; et al. Laser–diode end–pumped continuous–wave $BaLaGa_3O_7$ laser [J]. Physics Status Solidi A: Applied Research, 1994, 142: K51–K53.

[29] Gao, S.F.; Zhu, Z.J.; Wang, Y.; et al. Polarized spectroscopic characterization and energy transfer of Tm^{3+}-, Ho^{3+}-$BaLaGa_3O_7$: new promising 2.0 μm laser crystals [J]. Laser Physics, 2014, 24.

[30] Lammers, M.J.J.; Blasse, G. Luminescence properties of $BaLaGa_3O_7$ [J]. Materials Chemistry and Physics, 1986, 15: 537–544.

[31] Munoz-Garcia, A.B.; Seijo, L. Ce and La Single- and Double-Substitutional Defects in Yttrium Aluminum Garnet: First-Principles Study [J]. The Journal Physical Chemistry A, 2011, 115: 815–823.

［32］Qu, B.Y.; Zhang, B.; Wang, L.; et al. Mechanistic Study of the Persistent Luminescence of $CaAl_2O_4$: Eu, Nd［J］. Chemistry of Materials, 2015, 27: 2195–2202.

［33］Wen, J.; Ning, L.X.; Duan, C.K.; et al. First–Principles Study on Structural, Electronic, and Spectroscopic Properties of γ-Ca_2SiO_4 : Ce^{3+} Phosphors［J］. The Journal of Physical Chemistry A, 2015, 119: 8031–8039.

［34］Ramanantoanina, H.; Cimpoesu, F.; Gottel, C.; et al. Prospecting Lighting Applications with Ligand Field Tools and Density Functional Theory: A First-Principles Account of the $4f^7$-$4f^6 5d^1$ Luminescence of $CsMgBr_3$: Eu^{2+}［J］. Inorganic Chemistry, 2015, 54: 8319–8326.

［35］Kresse, G.; Furthmuller, J. Efficient iterative schemes for ab initio total-energy calculations using a plane-wave basis set［J］. Physical Review B, 1996, 54: 11169–11186.

［36］Kresse, G.; Hafner, J. Ab initio molecular-dynamics for liquid-metals［J］. Physical Review B, 1993, 47: 558–561.

［37］Blöchl, P.E. Projector augmented-wave method［J］. Physical Review B, 1994, 50: 17953–17979.

［38］Perdew, J.P.; Burke, K.; Ernzerhof, M. Generalized gradient approximation made simple［J］. Physical Review Letters, 1996, 77: 3865–3868.

［39］Schwarz, K.; Blaha, P. Solid state calculations using WIEN2k［J］. Computational Materials Science, 2003, 28: 259–273.

［40］Andersen, O.K. Linear methods in band theory［J］. Physical Review B, 1975, 12: 3060–3083.

［41］Mattheiss, L.F.; Hamann, D.R. Linear augmented-plane-wave calculation of the structural properties of bulk Cr, Mo, and W［J］. Physical Review B, 1986, 33: 823–840.

［42］Anisimov, V.I.; Aryasetiawan, F.; Lichtenstein, A.I. First-principles calculations of the electronic structure and spectra of strongly correlated systems: The LDA+U method [J]. Journal of Physics Condensed Matter, 1997, 9: 767–808.

[43] Dudarev, S.L.; Botton, G.A.; Savrasov, S.Y.; et al. Electron-energy-loss spectra and the structural stability of nickel oxide: An LSDA+U study [J]. Physical Review B, 1998, 57: 1505–1509.

[44] Hanuza, J.; Hermanowicz, K.; Maczka, M.; et al. Structure and IR and Raman polarized spectra of $BaLaGa_3O_7$ single-crystals [J]. Journal of Raman Spectroscopy, 1995, 26: 255–263.

[45] Jablonski, R.; Kaczmarek, S.; Berkowski, M. Radiation defects in $BaLaGa_3O_7$ crystals [J]. Spectro chimica Acta Part A: Molecular and Biomolecular Spectroscopy, 1998, 54: 2057–2063.

[46] Ke, J.; Xiao, J.W.; Zhu, W.; et al. Dopant–induced modification of active site structure and surface bonding mode for high-performance nanocatalysts: CO oxidation on capping–free (110)–oriented CeO_2: Ln (Ln = La-Lu) nanowires [J]. Journal of the American Chemical Society, 2013, 135: 15191–15200.

[47] Ning, L.X.; Zhang, Y.F.; Cui, Z.F. Structural and electronic properties of lutecia from first principles [J]. Journal of Physics Condensed Matter, 2009, 21.

[48] Kaczmarek, A.M.; Van Hecke, K.; Van Deun, R. Enhanced luminescence in Ln^{3+}–doped Y_2WO_6 (Sm, Eu, Dy) 3D microstructures through Gd^{3+} codoping [J]. Inorganic Chemistry, 2014, 53: 9498–9508.

[49] Duee, N.; Ambard, C.; Pereira, F.; et al. New synthesis strategies for luminescent YVO_4: Eu and $EuVO_4$ nanoparticles with H_2O_2 selective sensing properties [J]. Chemistry of Materials, 2015, 27: 5198–5205.

[50] Takeda, T.; Hirosaki, N.; Funahshi, S.; et al. Narrow-band green-emitting phosphor $Ba_2LiSi_7AlN_{12}$: Eu^{2+} with high thermal stability discovered by a single particle diagnosis approach [J]. Chemistry Materials, 2015, 27: 5892–5898.

[51] Marchuk, A.; Wendl, S.; Imamovic, N.; et al. Nontypical luminescence

properties and structural relation of $Ba_3P_5N_{10}X : Eu^{2+}$ (X = Cl, I): nitridophosphate halides with zeolite-like structure [J]. Chemistry Materials, 2015, 27: 6432–6441.

[52] Ramanantoanina, H.; Urland, W.; Garcia-Fuente, A.; et al. Ligand field density functional theory for the prediction of future domestic lighting [J]. Physical Chemistry Chemical Physics, 2014, 16: 14625–14634.

[53] Bibes, M.; Barthelemy, A. Multiferroics: towards a magnetoelectric memory [J]. Nature Materials, 2008, 7: 425–426.

[54] Eerenstein, W.; Mathur, N.D.; Scott, J.F. Multiferroic and magnetoelectric materials [J]. Nature, 2006, 442: 759–765.

[55] Newns, D.M.; Misewich, J.A.; Tsuei, C.C.; et al. Mott transition field effect transistor [J]. Applied Physics Letters, 1998, 73: 780–782.

[56] Cao, D.; Cai, M.Q.; Zheng, Y.; et al. First–principles study for vacancy-induced magnetism in nonmagnetic ferroelectric $BaTiO_3$ [J]. Physical Chemistry Chemical Physics, 2009, 11: 10934–8.

[57] Fiebig, M. Revival of the magnetoelectric effect [J]. Journal of Physics D: Applied Physics, 2005, 38: R123–R152.

[58] Benedek, N.A.; Fennie, C.J. Hybrid improper ferroelectricity: A mechanism for controllable polarization-magnetization coupling [J]. Physical Review Letters, 2011, 106.

[59] Bousquet, E.; Dawber, M.; Stucki, N.; et al. Improper ferroelectricity in perovskite oxide artificial superlattices [J]. Nature, 2008, 452: 732–734.

[60] Mulder, A.T.; Benedek, N.A.; Rondinelli, J.M.; et al. Turning ABO_3 antiferroelectrics into ferroelectrics: design rules for practical rotation-driven ferroelectricity in double perovskites and $A_3B_2O_7$ Ruddlesden-Popper compounds [J]. Advanced Functional Materials, 2013, 23: 4810–4820.

[61] Lobanov, M.V.; Greenblatt, M.; Caspi, E.N.; et al. Crystal and magnetic structure of the $Ca_3Mn_2O_7$ Ruddlesden-Popper phase: neutron and synchrotron

x-ray diffraction study [J]. Journal of Physics: Condensed Matter, 2004, 16: 5339-5348.

[62] Stengel, M.; Fennie, C.J.; Ghosez, P. Electrical properties of improper ferroelectrics from first principles [J]. Physical Review B, 2012, 86.

[63] Benedek, N.A.; Rondinelli, J.M.; Djani, H.; et al. Understanding ferroelectricity in layered perovskites: new ideas and insights from theory and experiments [J]. Dalton Transactions, 2015, 44: 10543-10558.

[64] Fennie, C.J.; Rabe, K.M. Ferroelectric transition in $YMnO_3$ from first principles [J]. Physical Review B, 2005, 72.

[65] Ghosez, P.; Triscone, J.M. Multiferroics coupling of three lattice instabilities [J]. Nature Materials, 2011, 10: 269-270.

[66] Kim, J.; Cho, K.C.; Koo, Y.M.; et al. Y-O hybridization in the ferroelectric transition of $YMnO_3$ [J]. Applied Physics Letters, 2009, 95.

[67] Oak, M.A.; Lee, J.H.; Jang, H.M. Asymmetric Ho 5d-O 2p hybridization as the origin of hexagonal ferroelectricity in multiferroic $HoMnO_3$ [J]. Physical Review B, 2011, 84.

[68] Oak, M.A.; Lee, J.H.; Jang, H.M.; et al. 4d-5p orbital mixing and asymmetric in 4d-O 2p hybridization in $InMnO_3$: A new bonding mechanism for hexagonal ferroelectricity [J]. Physical Review Letters, 2011, 106.

[69] Spaldin, N.A.; Fiebig, M. The renaissance of magnetoelectric multiferroics [J]. Science, 2005, 309: 391-392.

[70] Rondinelli, J.M.; Fennie, C.J. Octahedral rotation-induced ferroelectricity in cation ordered perovskites [J]. Advanced Materials, 2012, 24: 1961-1968.

[71] Glazer, A.M. Classification of tilted octahedra in perovskites [J]. Acta Crystallographica Section B: Structural Science, 1972, B28: 3384-3392.

[72] Fukushima, T.; Stroppa, A.; Picozzi, S.; et al. Large ferroelectric polarization in the new double perovskite $NaLaMnWO_6$ induced by non-polar instabilities [J]. Physical Chemistry Chemical Physics, 2011, 13: 12186-12190.

[73] Young, J.H; Stroppa, A.; Picozzi, S.; et al. Tuning the ferroelectric polarization in AA'MnWO$_6$ double perovskites through A cation substitution [J]. Dalton Transactions, 2015, 44: 10644–10653.

[74] Zhao, H.J.; Ren, W.; Yang, Y.R.; et al. Near room-temperature multiferroic materials with tunable ferromagnetic and electrical properties [J]. Nature Communications, 2014, 5.

[75] Das, H.; Waghmare, U.V.; Saha-Dasgupta, T.; et al. Electronic structure, phonons, and dielectric anomaly in ferromagnetic insulating double pervoskite La$_2$NiMnO$_6$ [J]. Physical Review Letters., 2008, 100.

[76] Dass, R.I.; Goodenough, J.B. Multiple magnetic phases of La$_2$CoMnO$_6$-δ (0 ≤ δ ≤ 0.05) [J]. Physical Review B, 2003, 67.

[77] Zhu, M.; Lin, Y.; Lo, E.W.C.; et al. Electronic and magnetic properties of La$_2$NiMnO$_6$ and La$_2$CoMnO$_6$ with cationic ordering [J]. Applied Physics Letters, 2012, 100.

[78] Kresse, G.; Furthmuller, J. Efficiency of ab-initio total energy calculations for metals and semiconductors using a plane–wave basis set [J]. Computational Materials Science, 1996, 6: 15–50.

[79] Kresse, G.; Joubert, D. From ultrasoft pseudopotentials to the projector augmented-wave method [J]. Physical Review B, 1999, 59: 1758–1775.

[80] Kim, M.K.; Moon, J.Y; Choi, H.Y.; et al. Investigation of the magnetic properties in double perovskite R$_2$CoMnO$_6$ single crystals (R = rare earth: La to Lu) [J]. Journal of Physics: Condensed Matter, 2015, 27.

[81] Zhao, H.J.; Zhou, H.Y.; Chen, X.M.; et al. Predicted pressure-induced spin and electronic transition in double perovskite R$_2$CoMnO$_6$ (R = rare-earth ion) [J]. Journal of Physics: Condensed Matter, 2015, 27.

[82] Bull, C.L.; McMillan, P. F. Raman scattering study and electrical properties characterization of elpasolite perovskites Ln$_2$ (BB') O$_6$ (Ln = La, Sm... Gd and B, B' = Ni, Co, Mn) [J]. Journal of Solid State Chemistry, 2004, 177:

2323–2328.

［83］Kingsmith，R.D.；Vanderbilt，D. Theory of Polarization of crystalline solids ［J］. Physical Review B，1993，47：1651–1654.

［84］Vanderbilt，D.；Kingsmith，R.D. Electric polarization as a bulk quantity and its relation to surfacecharge ［J］. Physical Review B，1993，48：4442–4455.

［85］Picozzi，S.；Ederer，C. First principles studies of multiferroic materials ［J］. Journal of Physics：Condensed Matter，2009，21.

［86］Neaton，J.B.；Ederer，C.；Waghmare，U.V.；et al. First–principles study of spontaneous polarization in multiferroic $BiFeO_3$ ［J］. Physical Review B，2005，71.

［87］Alfredsson，M.；Hermansson，K.；Dovesi，R. Periodic ab initio calculations of the spontaneous polarisation in ferroelectric $NaNO_2$ ［J］. Physical Chemistry Chemical Physics，2002，4：4204–4211.

［88］Zhao，H.J.；Ren，W.；Chen，X.M.；et al. Effect of chemical pressure，misfit strain and hydrostatic pressure on structural and magnetic behaviors of rare-earth orthochromates ［J］. Journal of Physics：Condensed Matter，2013，25.

［89］Zhao，H.J.；Ren，W.；Yang，Y.R.；et al. Effect of chemical and hydrostatic pressures on structural and magnetic properties of rare-earth orthoferrites：a first-principles study ［J］. Journal of Physics：Condensed Matter，2013，25.

［90］Long，Y.W.；Hayashi，N.；Saito，T.；et al. Temperature-induced A-B intersite charge transfer in an A–site–ordered $LaCu_3Fe_4O_{12}$ perovskite ［J］. Nature，2009，458：60–63.

［91］Long，Y. W.；Saito，T.；Tohyama，T.；et al. Intermetallic charge transfer in A-site-ordered double perovskite $BiCu_3Fe_4O_{12}$ ［J］. Inorganic Chemistry，2009，48：8489–8492.

［92］Mizumaki，M.；Chen，W. T.；Saito，T.；et al. Direct observation of the ferrimagnetic coupling of A-site Cu and B-site Fe spins in charge-disproportionated $CaCu_3Fe_4O_{12}$ ［J］. Physical Review B，2011，84：094418–094422.

［93］ Yamada, I.; Etani, H.; Murakami, M.; et al. Charge-order melting in charge-disproportionated perovskite $CeCu_3Fe_4O_{12}$［J］. Inorganic Chemistry, 2014, 53: 11794–11801.

［94］ Yamada, I.; Tsuchida, K.; Ohgushi, K.; et al. Giant negative thermal expansion in the iron perovskite $SrCu_3Fe_4O_{12}$［J］. Angewandte Chemie International Edition, 2011, 50: 6579–6582.

［95］ Allub, R.; Alascio, B. A thermodynamic model for the simultaneous charge/spin order transition in $LaCu_3Fe_4O_{12}$［J］. Journal of Physics: Condensed Matter, 2012, 24: 495601–495606.

［96］ Chen, W. T.; Long, Y. W.; Saito, T.; et al. Charge transfer and antiferromagnetic order in the A-site-ordered perovskite $LaCu_3Fe_4O_{12}$［J］. Journal of Materials Chemistry, 2010, 20: 7282–7286.

［97］ Li, H.; Lv, Sh.; Liu, X.; et al. First-principles investigation of A-B intersite charge transfer and correlated electrical and magnetic properties in $BiCu_3Fe_4O_{12}$［J］. Journal of Computational Chemistry, 2011, 32: 1235–1240.

［98］ Long, Y. W.; Shimakawa, Y. Intermetallic charge transfer between A-site Cu and B-site Fe in A-site-ordered double perovskites［J］. New Journal of Physics, 2010, 12: 063029–063045.

［99］ Seda, T.; Hearne, G. R. Pressure induced $Fe^{2+}+Ti^{4+} \rightarrow Fe^{3+}+Ti^{3+}$ intervalence charge transfer and the Fe^{3+}/Fe^{2+} ratio in nature ilmenite ($FeTiO_3$) minerals［J］. Journal of Physics: Condensed Matter, 2004, 16: 2707–2718.

［100］ Yamada, I.; Murakami, M.; Hayashi, N.; et al. Inverse charge transfer in the quadruple perovskite $CaCu_3Fe_4O_{12}$［J］. Inorganic Chemistry, 2016, 55: 1715–1719.

［101］ Yamada, I.; Takata, K.; Hayashi, N.; et al. A perovskite containing quadrivalent iron as a charge-disproportionated ferrimagnet［J］. Angewandte Chemie International Edition, 2008, 47: 7032–7035.

［102］ Shimakawa, Y. Crystal and magnetic structure of $CaCu_3Fe_4O_{12}$ and $LaCu_3Fe_4O_{12}$:

distinct charge transition of unusual high valence Fe [J]. Journal of Physics D: Applied Physics, 2015, 48: 504006–504018.

[103] Yamada, I.; Etani, H.; Tsuchida, K.; et al. Control of bond–strain–induced electronic phase transition in iron perovskites [J]. Inorganic Chemistry, 2013, 52: 13751–13761.

[104] Yamada, I.; Marukawa, S.; Murakami, M.; et al. "True" negavite thermal expansion in Mn–doped $LaCu_3Fe_4O_{12}$ perovskite oxides [J]. Applied Physics Letters, 2014, 105: 231906–231909.

[105] Rezaei, N.; Hansmann, P.; Bahramy, M.; et al. Mechanism of charge transfer/disproportionation in $LnCu_3Fe_4O_{12}$ (Ln = Lanthanides) [J]. Physical Review B, 2014, 89: 125125–125129.

[106] Long, Y. W.; Kawakami, T.; Chen, W. T.; et al. Pressure effect on intersite charge transfer in A-site-ordered double-perovskite-structure oxide [J]. Chemistry of Materials, 2012, 24: 2235–2239.

[107] Liechtensrein, A. I.; Anisimov, V. I.; Zaanen, J. Density-functional theory and strong interactions: orbital ordering in Mott-Hubbard insulators [J]. Physical Review B, 1995, 52: R5467–R5470.

[108] Petukhov, A. G.; Mazin, I. I.; Chioncel, L.; et al. Correlated metals and the LDA+U method [J]. Physical Review B, 2003, 67: 153106–153109.

[109] Gone, X.; Lee, C. Dynamical matrices, Bron effective charges, dielectric permittivity tensors, and interatomic force constants from density-functional perturbation theory [J]. Physical Review B, 1997, 55: 10355–10368.

[110] Togo, A.; Oba, F.; Tanaka, I. First-principles calculations of the ferroelastic transition between rutile-type and $CaCl_2$-type SiO_2 at high pressures [J]. Physical Review B, 2008, 78: 134106–134114.

[111] Togo, A.; Tanaka, I. First principles phonon calculations in materials science [J]. Scripta Materialia, 2015, 108: 1–5.

[112] Togo, A.; Chaput, L.; Tanaka, I.; et al. First-principles phonon calculations

of thermal expansion in Ti_3SiC_2, Ti_3AlC_2, and Ti_3GeC_2 [J]. Physical Review B, 2010, 81: 174301–174306.

[113] Alippi, P.; Fiorentini, V. Magnetism and unusual Cu valency in quadruple perovskites [J]. The European Physical Journal B, 2012, 85: 82–86.

[114] Wu, H.; Qian, Y.; Tan, W.; et al. Qrigin of the intriguing physical properties in A-site-ordered $LaCu_3Fe_4O_{12}$ double perovskite [J]. Physica B: Condensed Matter, 2011, 406: 4432–4435.

[115] Murnaghan, F. D. The Compressibility of media under extreme pressures [J]. Proceedings of the National Academy of Sciences of the United States of America, 1944, 30: 244–247.

[116] Birch, F. Finite elastic strain of cubic crystals [J]. Physical Review, 1947, 71: 809–824.

[117] Zhang, C.; Kuang, X.; Jin, Y.; et al. Prediction of stable ruthenium silicides from first-principles calculations: stoichiometries, crystal structures, and physical properties [J]. ACS Applied Materials & Interfaces, 2015, 7: 26776–26782.

[118] Chen, W. T.; Saito, T.; Hayashi, N.; et al. Ligand-hole localization in oxides with unusual valence Fe [J]. Scientific Reports, 2012, 2: 449–455.

[119] Hao, X.; Xu, Y.; Gao, F.; et al. Charge disproportionation in $CaCu_3Fe_4O_{12}$ [J]. Physical Review B, 2009, 79: 113101–113104.

[120] Etani, H.; Yamada, I.; Ohgushi, K.; et al. Suppression of intersite charge transfer in charge-disproportionated perovskite $YCu_3Fe_4O_{12}$ [J]. Journal of the American Chemical Society, 2013, 135: 6100–6106.

[121] Xiang, H. P.; Liu, X. J.; Wu, Z. J.; et al. Influence of Mn-O-Mn bond angle on the magnetic and electronic properties in $YBaMn_2O_5$ [J]. The Journal of Physical Chemistry B, 2006, 110: 2606–2610.

[122] Yun, Y.; Legut, D.; Oppeneer, P. M. Phonon spectrum, thermal expansion

and heat capacity of UO_2 from first-principles [J]. Journal of Nuclear Materials, 2012, 426: 109–114.

[123] Zych E. Concentration dependence of energy transfer between Eu^{3+} ions occupying two symmetry sites in Lu_2O_3 [J]. Journal of Physics: Condensed Matter, 2002, 14: 5637–5650.

[124] Trijan-Piegza J.; Niittykoski J.; Hölsä J.; et al. Thermoluminescence and kinetics of persistent luminescence of vacuum-sintered Tb^{3+}-doped and Tb^{3+}, Ca^{2+}-codoped Lu_2O_3 materials [J]. Chemistry Materials, 2008, 20: 2252–2261.

[125] Jiang, S.; Liu, J.; Lin, C.; et al. Pressure-induced phase transition in cubic Lu_2O_3 [J]. Journal of Applied Physics, 2010, 108: 083541–083546.

[126] Zych E.; Trojan-Piegza J. Low-temperature luminescence of Lu_2O_3 : Eu ceramics upon excitation with synchrotron radiation in the vicinity of band gap energy [J]. Chemistry Materials, 2006, 18: 2194–2199.

[127] YangP.; Gai S.; Liu Y.; et al. Uniform hollow Lu_2O_3 : Ln (Ln = Eu^{3+}, Tb^{3+}) spheres: facile synthesis and luminescent properties [J]. Inorganic Chemistry, 2011, 50: 2182–2190.

[128] Pedroso, C. C. S.; Carvalho, J. M.; Rodrigues, L. C. V.; et al. Rapid and energy-saving microwave-assisted solid-state synthesis of Pr^{3+}-, Eu^{3+}-, or Tb^{3+}-doped Lu_2O_3 persistent luminescence materials [J]. ACS Applied Materials & Interfaces, 2016, 8: 19593–19604.

[129] Li, R.; Gai, S.; Wang, L.; et al. Facile synthesis and multicolor luminescent properties of uniform Lu_2O_3 : Ln (Ln = Eu^{3+}, Tb^{3+}, Yb^{3+}/Er^{3+}, Yb^{3+}/Tm^{3+}, and Yb^{3+}/Ho^{3+}) nanospheres [J]. Journal of Colloid and Interface Science, 2012, 368: 165–171.

[130] Guyot, Y.; Guzik, M.; Alombert-Goget, G.; et al. Assignment of Yb^{3+} energy levels in the C_2 and C_{3i} centers of Lu_2O_3 sesquioxide either as ceramic or as crystal [J]. Journal of Luminescence, 2016, 170: 513–519.

［131］Moore, C. A.; Brown, D. C.; Sanjeewa, L. D.; et al. Yb：Lu_2O_3 hydrothermally-grown single-crystal and ceramic absorption spectra obtained between 289 and 80 K［J］. Journal of Luminescence, 2016, 174: 29–35.

［132］Barandiarán Z.; Bettinelli M.; Seijo L. Color control of Pr^{3+} luminescence by electron-hole recombination energy trnasfer in $CaTiO_3$ and $CaZrO_3$［J］. The Journal of Physical Chemistry Letters, 2017, 8: 3095–3100.

［133］Momma, K.; Izumi, F. VESTA：A three-dimensional visualization system for electronic and structural analysis［J］. Journal of Applied Crystallography, 2008, 41: 653–658.

［134］Abt, R.; Ambrosch–Draxl, C.; Knoll, P. Optical response of high temperature superconductors by full potential LAPW band structure calcualtions［J］. Physica B：Condensed Matter, 1994, 194: 1451–1452.

［135］Wyckoff, R. Crystal Structures［M］. Wiley：New York, 1963.

［136］Murnaghan, F. D. The compressibility of media under extreme pressures［J］. Proceedings of the National Academy of Sciences of the United States of America, 1944, 30: 244–247.

［137］Birch, F. Finite elastic strain of cubic crystals［J］. Physical Review, 1947, 71: 809–824.

［138］Ning, L.; Zhang, Y.; Cui, Z. Structural and electronic properties of lutecia from first principles［J］. Journal of Physics：Condensed Matter, 2009, 21: 455601–455607.

［139］Perego, M.; Seguini, G.; Scarel, G.; et al. X–Ray Photoelectron spectroscopy study of energy-band alignments of Lu_2O_3 on Ge［J］. Surface and Interface Analysis, 2006, 38: 494–497.

［140］Avram, D.; Cojocaru, B.; Florea, M.; et al. Advances in luminescence of lanthanide doped Y_2O_3: case of S_6 sites［J］. Optical Materials Express, 2016, 6: 1635–1643.

［141］Concas, G.; Dewhurst, J. K.; Sanna, A.; et al. Anisotropic exchange interaction between nonmagnetic europium cations in Eu_2O_3 [J] . Physical Review B, 2011, 84: 014427–014434.

[142] Brik, M. G.; Mahlik, S.; Jankowski, D.; et al. Experimental and first-principles studies of high-pressure effects on the structural, electronic, and optical properties of semiconductors and lanthanide doped solids [J] . Japanese Journal of Applied Physics, 2017, 56: 05FA02–05FA18.